河南清代河务档案汇编

（乾隆时期）

河南省档案馆　编

河南人民出版社

图书在版编目(CIP)数据

河南清代河务档案汇编 ：乾隆时期 / 河南省档案馆编. —郑州 ：河南人民出版社, 2021. 4
ISBN 978 -7 -215 -12293 -2

Ⅰ. ①河… Ⅱ. ①河… Ⅲ. ①黄河 - 河道整治 - 史料 - 河南 - 清代 Ⅳ. ①TV882.1

中国版本图书馆 CIP 数据核字(2021)第 042954 号

责任编辑　张珺楠
责任校对　彭　倩
封面设计　谢　锐

河南人民出版社 出版发行
(地址:郑州市郑东新区祥盛街 27 号　邮政编码:450016　电话:65788065)
新华书店经销　　郑州新海岸电脑彩色制印有限公司印刷
开本　889 毫米 ×1194 毫米　1/16　印张　32.5
字数　120 千字
2021 年 4 月第 1 版　　2021 年 4 月第 1 次印刷

定价：199.00 元

河南清代河务档案汇编（乾隆时期）

编委会

主　任　李修建

副主任　李宝玲　吴卫东　翟霣远　曹爱萍

委　员　杨宝章　王培正　李建立　陈　华　李　珂
张红霞　谭永志　史　锐　王德中　姜　霞

编辑部

主　编　李修建

副主编　吴卫东　张红霞

编　辑　朱桂玲　张　珺　李春阳　范璟玉　高利娟
苏瑞雪　陈　瑞　王梦竹　史　琦

序

为深入贯彻习近平总书记『要深入挖掘黄河文化蕴含的时代价值，讲好「黄河故事」，延续历史文脉，坚定文化自信，为实现中华民族伟大复兴的中国梦凝聚精神力量』的重要指示精神，河南省档案馆根据《全国档案事业发展『十三五』规划纲要》和《『十三五』时期国家重点档案保护与开发工作总体规划》安排，全面系统地整理馆藏清代河务档案，编纂出版《河南清代河务档案汇编》（乾隆时期）。

数千年来，黄河流域长期是中国政治、经济、文化的中心，黄河河务始终是历代统治者最为关注的问题之一。清代统治时间长，政权较稳定，统治者对治河事务相当重视，治河机构完备，河督位高权重，堵口修防不惜巨资，都是历代所不及的。河南地处黄河中下游，为河工险段，是治河事务紧要之地。

河南省档案馆馆藏大量清代河务档案，真实地记录了清代统治者对河南境内黄河段，以及沁河、卫河、贾鲁河、惠济河等河道的治理事务。内容包括河道疏浚、筑堤修埝、建坝闸、堵漫口，征集砖石木料秸垛，征集民工，水灾赈济等，同时也反映了这一时期河务治理的经验教训，对黄河治理与黄河资源开发利用具有重要参考价值。

《河南清代河务档案汇编》（乾隆时期）是我馆首次对馆藏清代河务档案进行系统整理并公开出版的重要文献。为保证此项工作有序推进，我们制订了详细的实施方案，明确了指导思想、工作步骤和编纂要求。编纂过程中，坚持实事求是的原则和科学严谨的态度，对所收录的每一件档案都仔细鉴定、甄别与考证，并组织专家对内容进行严格审核，力求编纂成果的科学性、准确性和严肃性，维护档案文献的真实性，彰显档案文献的权威性。

守护历史、传承文明是档案部门的职责所在。《河南清代河务档案汇编》（乾隆时期）的整理及出版，为实现黄河流域生态保护和高质量发展提供了可资参考的素材，对保护、传承、弘扬黄河文化极具历史借鉴意义。

编辑说明

河南省档案馆依照其所保管的清代乾隆时期的河务档案，编纂了《河南清代河务档案汇编》（乾隆时期）。

本书选稿起自乾隆二十三年（一七五八年），迄至乾隆四十七年（一七八二年），按时间顺序排列。

本书选用档案均为河南省档案馆馆藏档案原件，全文影印，未作删节，如有缺页，为档案自身缺页。对档案原文中无标题的咨文、奏疏及朱批等加拟标题。标题中人名使用原档案写法，历史地名沿用当时地名。本书所标时间统一采用年号纪年，按年号纪年顺序由前至后排列。

本书使用规范的简化字。对标题中的人名、历史地名、机构名称中出现的繁体字、错别字、不规范异体字、异形字等，予以径改。限于篇幅，本书不作注释。

由于时间紧迫，档案公布量大，编者水平有限，在编辑过程中可能存在疏漏之处，考订难免有误，欢迎专家斧正。

编者

二〇二一年三月

目录

一　大学士傅恒等字寄上谕著河南巡抚等悉心察勘督办河务，不得草率完工、虚縻帑项

乾隆二十三年正月二十五日

大學士公傅　大學士来　字寄
欽差給事中海　河東總河張　河南巡撫胡　山東巡
撫阿　乾隆二十三年正月二十五日奉
上諭山東河南河道工程業經續次報竣在事諸臣亦
降旨加恩議叙矣但一切堤岸務期堅固其幹河支

河之疏浚亦須挑濬深通方可為久遠之計若在工人
員不能寔心辦理惟圖草率完工虛縻帑項而有
督率稽查之責者復不嚴行察勘勢必有名無寔
將來伏秋大汛一有疏虞該督撫等自不得稍辭其
責至於給事中海明係特差查勘河道之員務須悉

心督辦挑寔核查萬不可以差竣工完即為了事或
有前次估計尚未寔在今于修築時勘出浮冒情形
即可挑寔指參以杜陋弊俟通行告竣之後朕或
更遣大員前往勘核亦未可定倘有修過工段坍卸
淤滯以及開銷錢粮冒濫不寔之処一經發覺除承

辦大臣官員照例治罪外該給事中亦必不稍爲
寬貸也可將此傳諭知之欽此遵
旨寄信前來

二一　大学士傅恒等字寄上谕著河南巡抚胡宝琼等酌为开放卫河民间渠闸洞以济下游之漕运及农田灌溉　乾隆二十四年六月初二日

大學士公傅　大學士來　字寄
河東總河張　漕運總督楊　河南巡撫
胡　乾隆二十四年六月初二日奉
上諭據胡寶琼奏將衛河民間渠閘洞口全行堵閉
俾河流歸注下游以濟漕運俟正流充足再行照

例分啟等語現在漕艘已過濟寧正資衛水浮送
蓄水濟運固屬因時酌辦之法但豫省河南各屬
得雨已經透足其河北一帶雖節次得雨數寸民
間尚不無需水灌田之處若將渠閘洞口全行堵
閉恐農民不能接濟亦關緊要著傳諭張師載楊

錫紱胡寶瑔等公同酌量但使漕舡自臨清以北
足以資送天津不致淺阻則民間渠洞亦須酌為
開放俾暢正流以濟運而旁分餘水以潤田總在
該督撫等彼此咨會審度水勢情形妥協調劑一
面辦理一面奏聞務使漕運民田均有裨益欽此

遵

旨寄信前來

四、三〇、到

三　大学士傅恒字寄上谕著河东总河张师载会同河南巡抚常钧商榷筹划捍御疏濬祥符等处堤工及河道　乾隆二十六年七月三十日

大學士公傅　字寄

河東總河張　乾隆二十六年七月三十日奉

上諭常鈞奏到祥符等處河水漫溢一摺先有旨令

裘曰修馳驛前往會同查辦茲據張師載摺奏黃

河上游異漲以致各工蟄裂情形已于摺内批示

今年雨水甚旺該省隄工遼闊被溢之處多係舊
日工程一經諸水滙積自非人力所能自主張師
載人素謹慎未免張皇過甚易致失措常鈞又初
任豫省河務尚未諳悉裘曰修于河南水利曾經
派辦全河經緯自有成竹着將此摺再行抄寄令

其與該督撫公同商確妥協籌畫現在捍禦疏濬
事宜因當悉心相度及時興舉即前此所有挑築
各工既有此番漫溢恐易致於遏轉棄前功裘曰
修係專派統辦之人諸宜通盤熟計務俾一切溝
渠俱歸通利則將來或遇尋常水潦自可無虞求

日修與該督撫其善体之欽此遵
旨寄信前來

三号

八月初七河院發來

の[illegible]

四 大学士傅恒字寄上谕著裘日修、常钧悉心堵御河南黄沁二河缺口并抚恤灾民

乾隆二十六年七月三十日

大學士公傅 字寄

戶部侍郎裘 河南巡撫常 乾隆二十六年

七月三十日奉

上諭據常鈞奏河南黑堈口河水漫溢漸逼省城又

蘭陽各堡缺口甚多汜水武陟等縣山水沁黃並

漲人口田廬難免損傷現在設法堵禦查勘等語
已於摺內批示河南雖值連歲豐收之後今年秋
雨過多以致黃沁二河及山水漫溢朕心深為軫
念常鈞初任河南于河工尚未熟諳侍郎裘曰修
前此曾經派往河南等處一切疏挑水利皆所身

歷著將原摺抄寄閲看不必前來請訓即馳驛速
赴豫省會同常鈞悉心料理所有應行疏洩堵禦
之處悉心相度及時上緊妥辦其被灾地方並著
會同該撫查勘即行撫卹無使貧民失所仍將查
辦情形先行奏聞以慰懸切再常鈞摺内所稱前

此奏報一摺何以至今未到着並令該撫一并查
明具奏將此傳諭裘曰修并常鈞知之欽此遵
旨寄信前来

四、二九、抄
八月初四日巳刻到

五　大学士傅恒字寄上谕著裘日修等配合赴豫钦差刘统勋、公兆惠督办黄河引溜归槽之事

乾隆二十六年八月初三日

大學士公傅　字寄

欽差侍郎裘　河東河道總督張　河南巡撫常

乾隆二十六年八月初三日奉

上諭常鈞奏報省城漫水消退各缺口亦漸次斷流

惟陽橋大壩一帶連接大堤黃溜奪出陽橋直趨

貫魯河舊流淤淺等語河南此次被水較大昨已
派侍郎裘曰修前往會同該撫將一應疏濬撫郵
事宜妥協辦理現今堤工漸就平穩但黃河奪溜
一事於河道民生最關緊要現派大學士劉統勳
協辦大學士公兆惠馳驛前赴該處將引溜歸槽

之事專司督辦並諭尹繼善挑揀南河熟練官員
兵丁調赴豫省應用但該撫等此時即應一面悉
心相度實力籌辦不得因派有欽差因循坐守如
目下已經辦有成局欽差未到之先河流可復該
撫可行文知會劉統勳等令其即回再裘曰脩奉

差在前如劉統勳等到豫自應專任董辦奪溜之
事裘曰修即將該省一切幹支各河水利並山東
曹縣一帶漫溢處所悉心經理務期保護前工為
一勞永逸之計至該省現有工程撫恤需用甚多
所有藩庫存貯銀兩是否足敷應用並著即行查

明如有必需接濟之處奏明動撥並將此傳諭裘
曰修張師載常鈞等知之欽此遵
旨寄信前來

四·二七·抄

六　户部为奉旨派员赴豫会同大学士刘统勋、公兆惠查勘祥符县灾情、赈济灾民的咨文

乾隆二十六年八月初六日

户部為欽奉

上諭事河南司案呈本年八月初六日内閣抄出乾

隆二十六年八月初三日奉

上諭朕據常鈞奏豫省祥符黑岡口等處河水漫溢

已命裘曰修前往會同辦理今據奏報現在漫水

日就消退地方城郭可以無虞雖目稍慰但河溜
奪趨尉氏縣賈魯河舊流淤淺斯於河防最關緊
要着大學士劉統勳協辦大學士公兆惠星速馳驛
赴豫督率查辦至所奏各鄉查勘差遣需員請於
候補人員中揀選知縣八員佐襍十員來豫等語

着即交該部傳集各員一面先期預備俟劉統勲
等到京會同揔理王大臣及該部揀選速行带往
欽此又今日内閣抄出奉
上諭河南祥符等縣河水漫溢已特派大臣馳驛前
往會同該撫等相度經理所有被水村庄並令加

意撫綏朕思被水情形與被旱不同蓋旱形可以
預知地方官先事詳查戶口造冊稟報上司核定
委員監放尚可需時至于水災猝至室廬一空災
民嗷嗷豈能遲待着大學士劉統勳等會同該撫
常鈞嚴飭地方各官遇應行加賑之地隨查隨賑

無俟彙齊冊報輾轉稽延並於被災較重州縣各
按四鄉分設粥廠俾得就近餬口不致失所副朕
加惠貧民之意但不得因有此旨不行寔力察勘
致令吏胥從中冒濫滋弊可耳該部遵諭速行欽
此欽遵抄出到部相應移咨河南巡撫欽遵辦

四、二九 初

乾隆二十六年八月初十日酉刻到

五号

抄咨

工部為欽奉

上諭事都水清吏司案呈乾隆二十六年八月初

五日内閣抄出本月初三日内閣奉

上諭昨據常鈞奏豫省祥符黑崗口等處河水漫

溢已命裘日修前往會同辦理今據奏振現在

漫水日就消退地方城郭可以無虞雖因稍慰但
河濬奪趨尉氏縣賈魯河舊流淤淺斯于河防最関
緊要着大學士刘統勳協辦大學士公兆惠星速馳
驲赴豫督率查辦至所奏各鄉查勘差遣需員
請于候補人員中揀選知縣八員佐雜十員來豫等

諭着即交該部傳集各員一面先期預備候劉統勳
等到京會同總理王大臣及該部揀選速行帶往欽
此欽遵抄出到部相應移咨吏部兵部大學士
劉　協辦大學士公兆　并河南巡撫河東總河
一体欽遵辦理可也須至咨者

右洛

河南巡撫

乾隆二十六年八月初五日

四二九、抄

八　大学士傅恒字寄上谕著刘统勋等加紧筹办堵筑各漫口使之归槽，并将河溜形势绘图贴说速奏　乾隆二十六年八月十一日

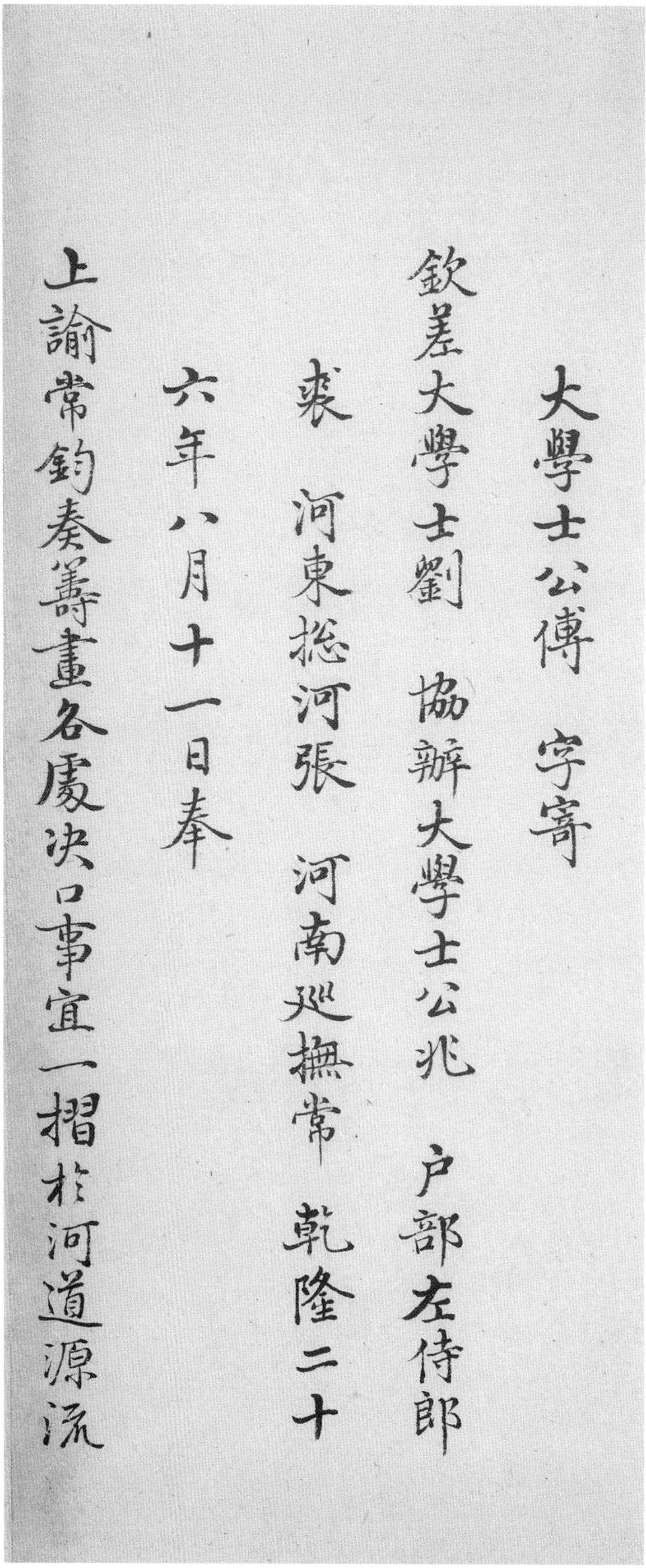

大學士公傅　字寄
欽差大學士劉　協辦大學士公兆　户部左侍郎
裘　河東揔河張　河南巡撫常　乾隆二十
六年八月十一日奉
上諭常鈞奏籌畫各處決口事宜一摺扵河道源流

辦理挈要之處全無定見已於摺內批示河流奪溜直歸賈魯河勢將漸趨東南爲害匪細則此時亟堵陽橋漫口爲第一喫緊要務乃該撫摺內先請將南岸各漫口逐段補築方可撤涵合龍此語尤爲大謬曾不思各漫口盡行補築則大溜勢益

湍急全趨缺口工程更難措手此尋常情理所易
曉而常鈞於河道情形既未諳悉張師載亦臨事
茫無端緒幸朕於初報時即命裘曰修劉統勳兆
惠等先後赴豫董辦伊等可乘時會同相度或不
致因循貽悞耳朕適檢看河圖賈魯河由尉氏等

縣經江南潁壽各屬與淮流通倘上游不塞勢必直趨洪澤湖將淤留水壅其害更可勝言耶是河南決口早塞一日即杜一日之患尤其確然無疑者常鈞等在黄溜初奪時全局端委或未及體究今為時將近一月而於河流趨逕歸宿及現今決

口緩急若何大溜現抵何處各情形摺內並未一
語剖晰此等大工其將何以集事著傳諭裘曰修
劉統勳兆惠皆同該撫等加緊速籌妥辦總以堵
築歸槽為全河利害關鍵仍一面將河溜各情形
勢詳悉繪圖貼說迅速奏聞欽此遵

旨寄信前来

八月十四日到

の、二九、抄

九　大学士傅恒字寄上谕著河南巡抚常钧在新任巡抚胡宝瑔到任之前照常办理河工抚恤事务

乾隆二十六年八月十二日

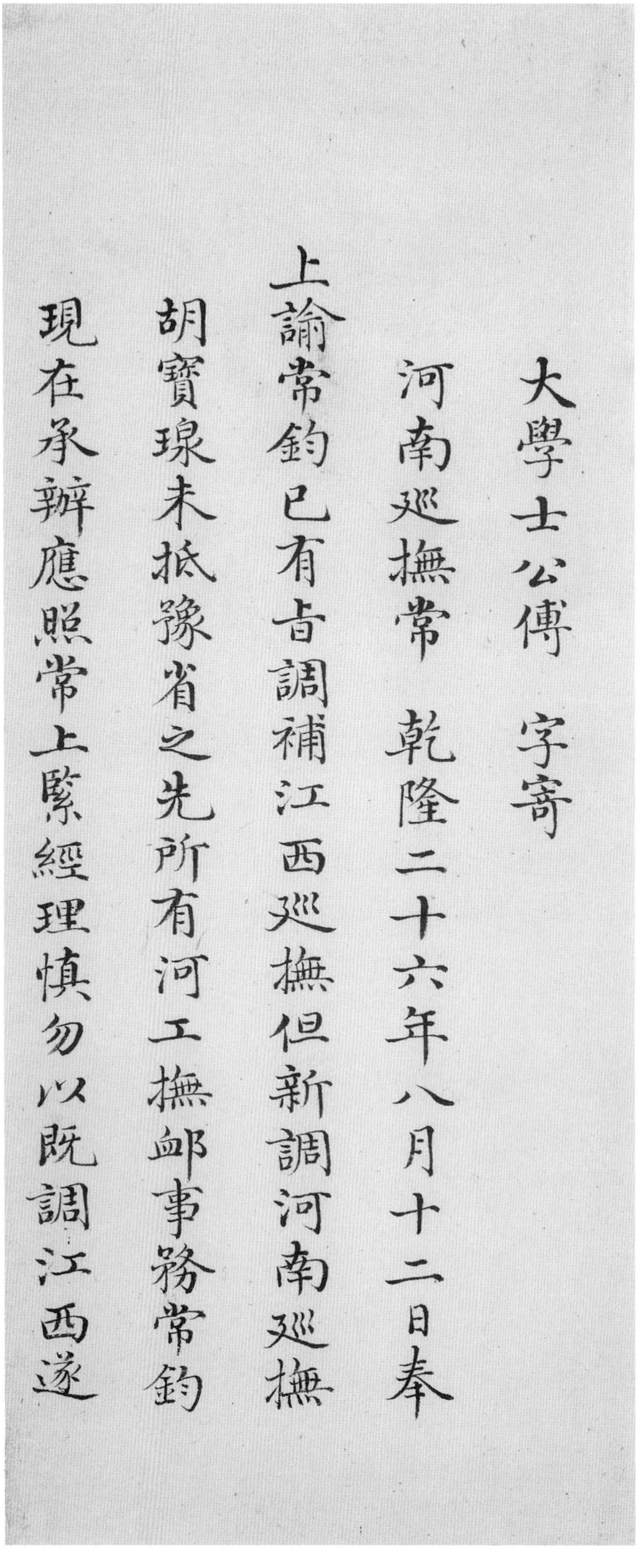
大學士公傅　字寄
河南巡撫常　乾隆二十六年八月十二日奉
上諭常鈞已有旨調補江西巡撫但新調河南巡撫
胡寶瑔未抵豫省之先所有河工撫卹事務常鈞
現在承辦應照常上緊經理慎勿以既調江西遂

視非身任之事以致稍生觀望俟胡寶瑔到後再
赴新任欽此遵
旨寄信前來

八月十九日午刻到

十 大学士傅恒字寄上谕著原河南巡抚常钧不得援引乾隆二十二年折价一节办理豫省赈恤

乾隆二十六年八月十五日

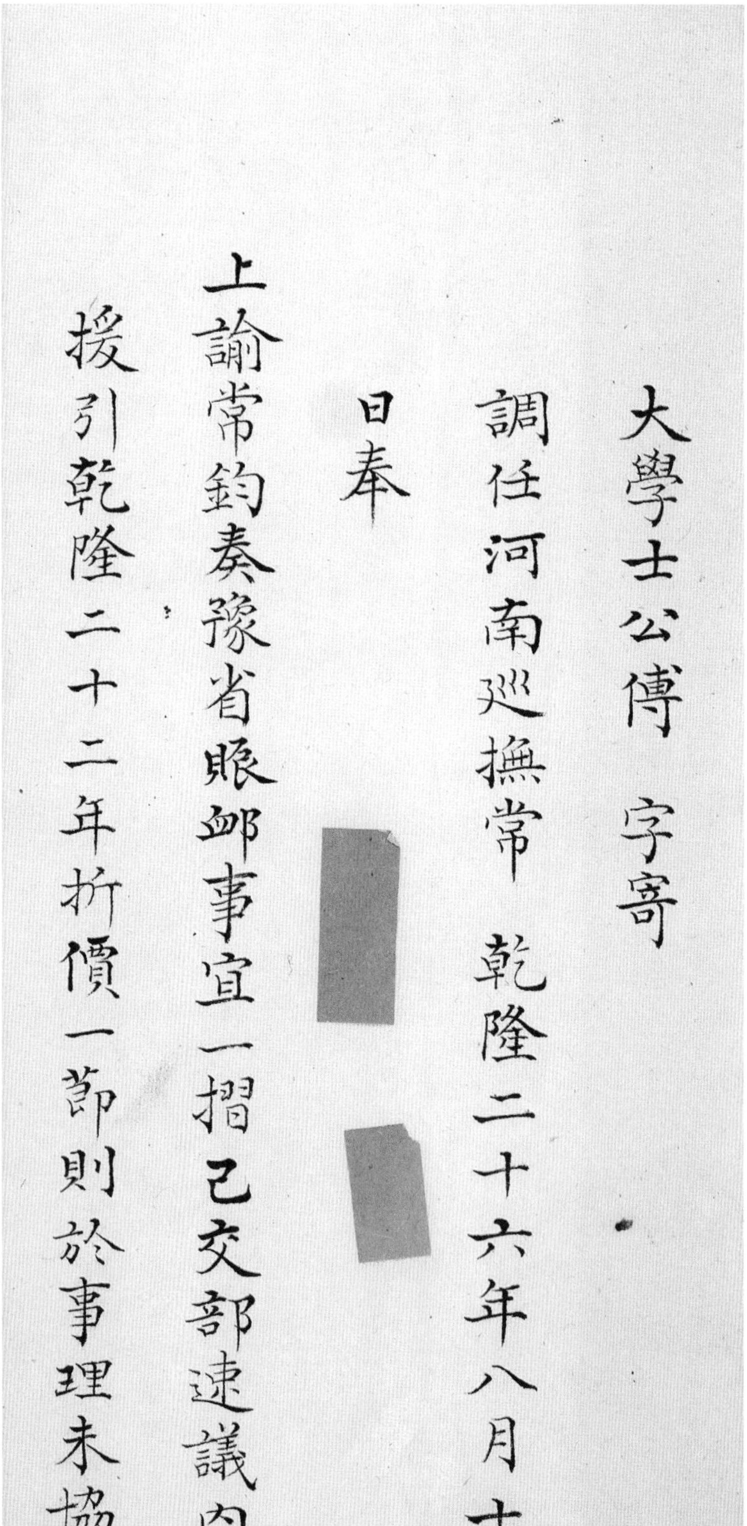

大學士公傅 字寄

調任河南巡撫常 乾隆二十六年八月十五

日奉

上諭常鈞奏豫省賑卹事宜一摺已交部速議內有

援引乾隆二十二年折價一節則於事理未協蓋

年
未報閭閻困苦已極
是年因河南積潦經時成災較重是以特旨加恩
增給初非成例應爾今年漫口情形雖係倉猝被
乃
水但得及時搶築將來異漲一過春麥仍可有收
且豫省屢年豐收民間不致無蓋藏是
今昔情形各異此時速查優恤經理已為周備即
有不敷亦當候朕酌量降旨該撫乃將此條叙入

摺内将使無知小民視同定則轉啓非分之望於
民可使由不可使知之道全無體會己令軍機大
臣将数語節去發部至常鈞現在調補江西巡撫
所有豫省際工仍當實力肩任妥速籌辦不得因
五日京兆稍生觀望昨已有旨詳諭並於摺内批

示可将此一併傳諭知之欽此遵
旨寄信前来

八月二十到

十一　大学士傅恒字寄上谕著刘统勋等于大工告成后酌留南河弁兵十数人于豫东两省补用以资河东河兵学习　乾隆二十六年九月初一日

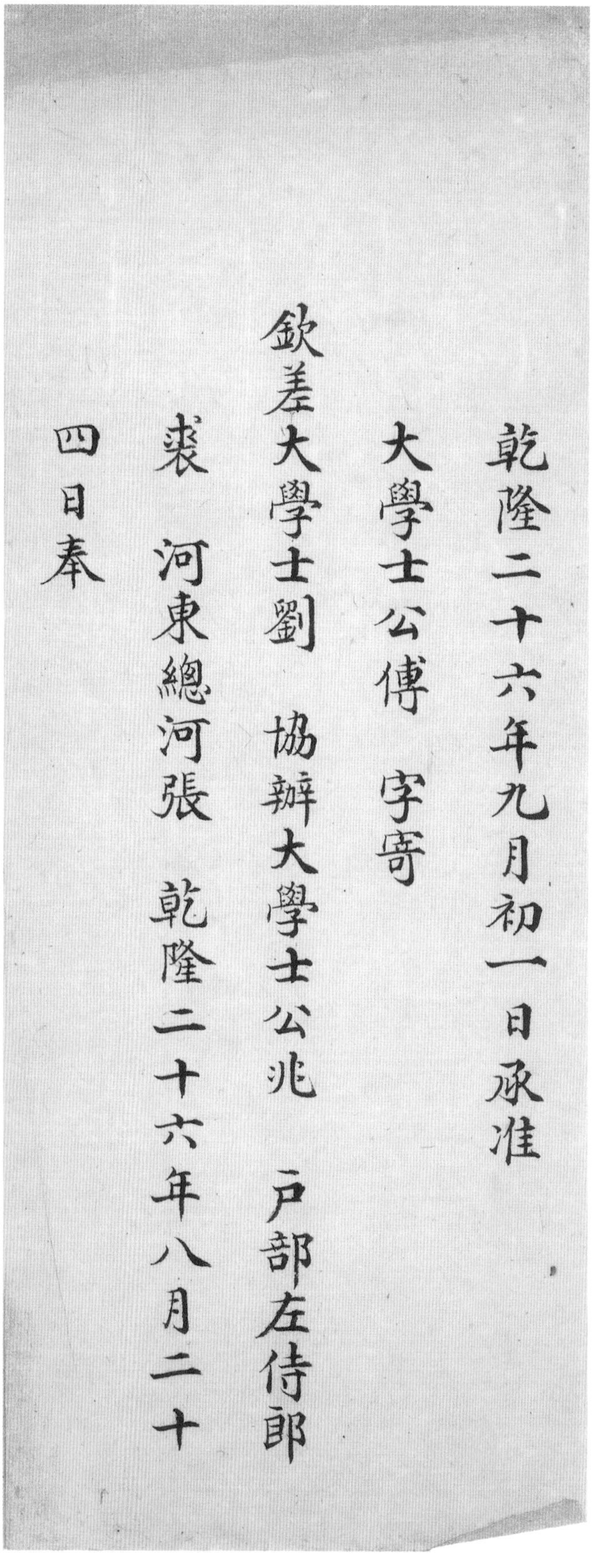
乾隆二十六年九月初一日承准
大學士公傅　字寄
欽差大學士劉　協辦大學士公兆　戶部左侍郎
裘　河東總河張　乾隆二十六年八月二十
四日奉

上諭陳弘謀奏南河挑選赴豫協助弁兵請于堵築
告竣後酌留十數人于豫東兩省補用等語所見
甚是南河弁兵俱係熟諳椿埽大工自非豫東二
省工員所能及若酌留在彼指授教習實于河務
有裨著傳諭劉統勳等于此次大工告成後可否

擇其奮勉出力者酌留十數員名即于豫東兩省
補用以資河東河兵學習但須妥辦不可使出力
教人之人反似遷流失所則大不可若可無須如
此更張亦不妨據實直奏欽此遵
旨寄信前來

四、二九、抄

十二　大学士傅恒字寄上谕著裘日修等办理借库银四万两修筑沁水民埝事宜

乾隆二十六年十月初五日

大學士公傅　字寄

欽差侍郎裘　河南巡撫胡　乾隆二十六年十月

初五日奉

上諭據裘曰脩奏沁水堤埝民工其天師廟尋邨二

處及各段大小缺口皆為急不可緩之務現據該

府縣估需銀四萬兩士民籲請借領庫項亟為動
工分作十年清還等語此等堤埝雖係民脩現經
被水之後秋成未免歉薄若借給庫項乘時脩築
事屬可行著傳諭胡寶瑔即照所奏速為辦理但
工程用至四萬兩雖由士民借領亦必須專派一

地方大員董率稽查廳堤埝可期穩固而銀兩亦
歸實用裘曰修僅稱知府沈榮昌估計其將來興
工時應作何派委大員總司經理之處摺内未經
聲明并著交與胡寶瑔一面揀員督辦一面即行
奏聞并諭裘曰脩知之欽此遵

旨寄信前來

四、二九、抄

十三　大学士阿桂字寄上谕著姚立德等督率河员夫役挑挖运河，并会商开放卫河水闸以期转漕溉田　乾隆四十三年四月十六日

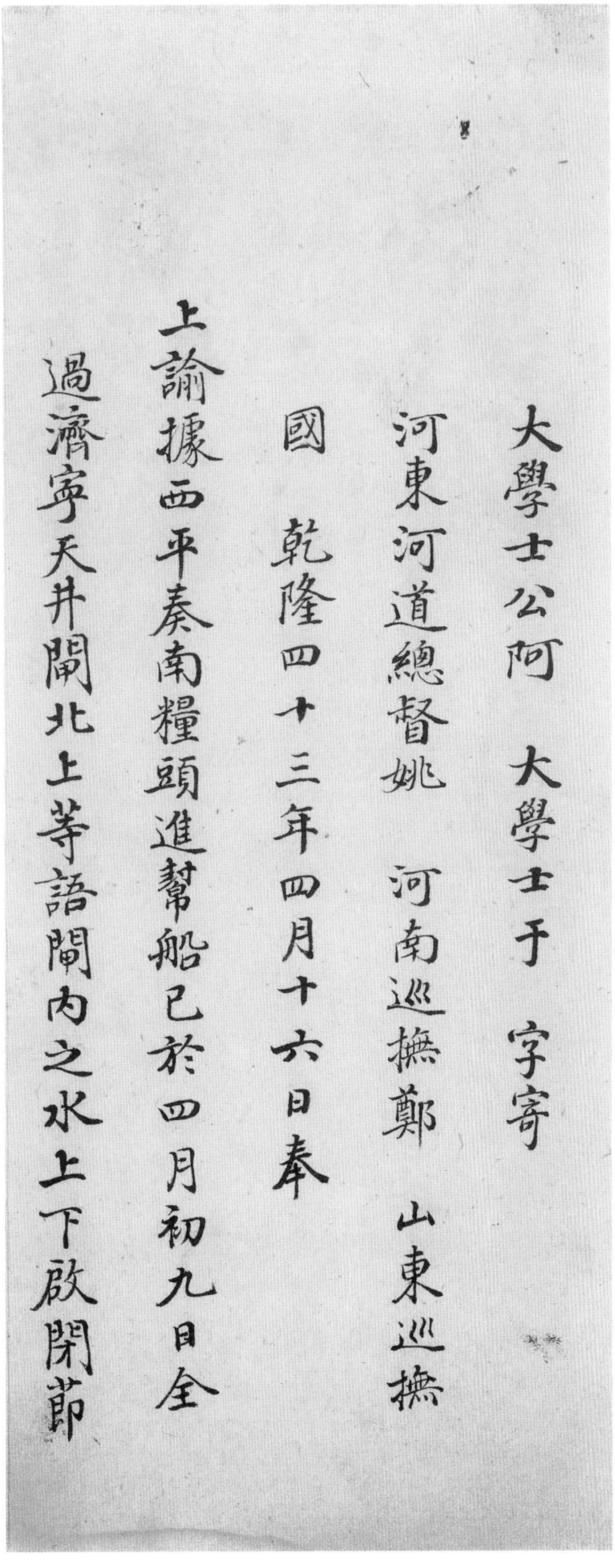
大學士公阿　大學士于　字寄
河東河道總督姚　河南巡撫鄭　山東巡撫
國　乾隆四十三年四月十六日奉
上諭據西平奏南糧頭進幫船已於四月初九日全
過濟寧天井閘北上等語閘內之水上下啟閉節

宣自足資浮送至出閘以後向有古淺數處~~無~~每多
梗阻昨據巡漕給事中陳鴻寶奏稱河南山東本
年水勢微弱東省糧艘經由之地如張家窑王家
淺狐仙莊朱家園及甲馬營爛泥淺頭望等處俱
有淺阻現經管轄河道大員親詣查勘董率辦理

等語是現在水淺必須妥辦可知著姚立德即速
督率河員上緊挑挖勿使漕船稍有阻滯其有應
派用夫役幫挑之處並著國泰嚴飭沿河各員實
力協妥辦毋得稍存歧視再臨清以北運河全藉衛
河之水豫省自去秋至今缺雨衛河上源本不能

充足該處向有閘座閉之即留為灌田啟之即可以濟運前歲因運河水淺曾經辦及今正當望雨之時灌溉民田自屬緊要但運河或果淺涸亦不可不稍為接濟此時如即得透雨水泉自當旺盛即可毋庸再辦設或運河尚未能充不可不速為

熟籌使兩無妨碍著姚立德鄭大進迅即會商妥
辦期於轉漕溉田均有利益將此由六百里一併
傳諭知之仍即將查辦情形迅速覆奏欽此遵
旨寄信前来

十四　荣柱等奏为办理王家庄引河工程及挑水坝展做、顺黄坝赶做边埽土戗情形折及朱批

乾隆四十五年正月十三日

臣阿　臣陳　臣榮跪

奏為具

奏事竊臣等辦理王家庄引河工程人夫漸已增多

及挑水埧俟氷勢畧開即可施工展做順黄埧

已赶做邊埽土戧各緣由業經恭摺奏蒙

聖鑒嗣後引河工程日逐催儹新正以來夫役到工

正月初七日拜發

者更多所挑土方通計已有四分且開凍土鬆
挑挖較前亦易其引河頭上唇展寬十九丈者
計長七十餘丈而於原估挑深丈尺之外又續
估挑深一尺五寸自上至下一律相符至挑水塡
頭之氷凌立春後已漸化解現在開工接做人
夫物料亦俱應手飭令晝夜不停以次進築並

於北岸引河頭豎立標竿使之對准斜向東北
不稍歧錯以收逼溜之益而順黄南堤亦仍接
做邊埽土戧俟引河工程過半再令南堤向北
廂築則口門收窄時引河亦可竣工不致有彼此
等候及堤工著重之處所有臣等辦理情形理
合恭摺具

奏伏祈

皇上聖鑒謹

奏

乾隆四十五年正月十三日奉到

硃批已有旨了欽此

十五　荣柱等奏为王家庄引河工程及挑水坝业已开工，接展顺黄坝赶做边埽土戗情形折及朱批

乾隆四十五年正月十九日

臣阿　臣陳　臣榮　跪

正月十九日拜發

奏爲具

奏事竊照王家庄引河挑挖已有四分工程及挑

水垻業已開工接展順黄垻赶做边埽土戧各

緣由業経恭摺奏蒙

聖鑒自初七日以後引河人夫因新年已過時值空

閒俱欲趕工謀食遠近趋赴愈多挑挖日有起

色統計現在已有六分工程月内必可一律完

竣至大河氷凌業已全化挑水埧亦以次接做

硃批

將此具圖來看

計舊做工段之外又斜向東北接長十餘丈緊

對引河上唇看其形勢甚順自當更往前進愈

長愈好使大溜不能不直走北崖則開放引河

倍為得力其順黄南北兩垻边埽業已廂與正
垻相齊厚土填壓甚為堅寔所澆土戧亦有過
半工程開河之先儘可辦竣此時金門所剩丈
尺雖屬無多而約計尚須展做七八丈河水方
能蓄高目下若預行前進則可多為填壓垻工
益得穩固是以現在即緩緩接做軟廂俟水勢

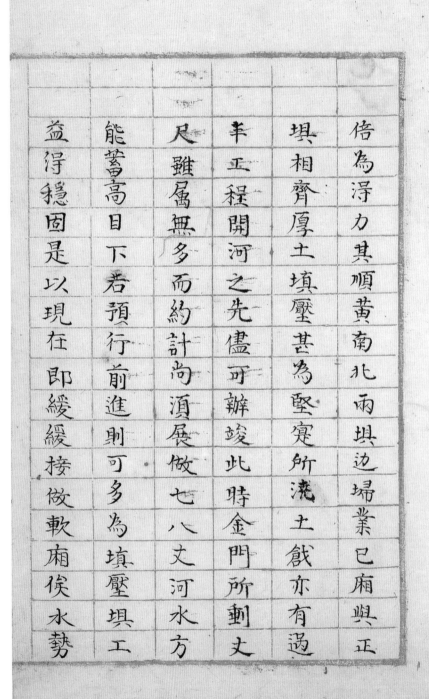

湍激不能軟廂時再行下埽臣等惟有竭力趕
辦以冀於桃汛未届以前堵合竣事所有現在
辦理情形理合恭摺具
奏伏祈
皇上聖鑒謹
奏

乾隆四十五年正月十九日奉到

硃批好勉為之欽此

夾片一件附

十六　谕令阿桂等即饬令徐建功等迅速回南河夹片及朱批

乾隆四十五年正月十九日

再本月初十日臣等接奉
諭旨現在辦理王家庄引河開寬加深俟挑竣即可
籌辦合龍無需多員在彼所有督率人夫上緊挑
濬等事有先經調往之李永吉等在工足敷差委
至徐建功等在南河俱係得力人員朕現在南巡
正須相度河工指示一切該員等各有本任防汛

管工事務自應在彼伺候著傳諭阿　等即飭令
徐建功等迅速各回南河本任欽此當即飭令續
調來工之副將徐建功及守備朱一成陳柱千
總趙魁協辦千總徐起從九品徐光奎等於十
一日起程各回南河本任訖理合附摺覆
奏謹

奏

乾隆四十五年正月十九日奉到

硃批覽欽此

十七　荣柱等为遵旨复奏王家河引河工程计期完竣大概情形折及朱批

乾隆四十五年正月二十三日

臣阿　臣陳　臣榮　跪

正月十九日拜發

奏為覆

奏事本月十八日接准尚書額駙公福　字寄內

開十五日奉

上諭朕因南巡經過雄縣一帶逐次積雪未消于行

程雖覺和美而天氣甚寒東北風亦大因念豫省

距此不遠氣候風色或大畧相同該處是否不致
冰凍挑挖施工尚不費力否朕心深為廑念堵築
漫口已閱一載有餘此次引河工程務于二月内
告蕆俾大溜歸槽漫口合龍方為妥協將此傳諭
何　著即將工次情形若何工程現有幾分約計
何日可以完竣之處迅速由馹馳奏欽此寄照王

家莊引河工程因新正以後人夫雲集日逐見
功寔已挑有六分以上雖本月十三日以後連
朝風雪土俱結凍而夫役計工謀食不肯就閑
雪止即出力作且此次分段派員較多各知催
儹設法挑挖即挑水埧接做十餘丈後因大河
復有冰凌展築較難然亦敲鑿施工並未株守

坐待臣等竊計引河工程此時即飭延數日而
大局總可于月内完竣又何必復煩
聖慮是以十五日具
奏摺内未經叙及其寔發摺時正值雪大風緊至
十六日以後始漸開晴也今蒙
皇上以

聖駕経過地方積雪未消東北風大念及工次相距

不遠風色大畧相同是否不致冰凍挑挖尚不

費力傳

諭馳詢仰見

聖心廑念河防無時或釋目下天氣已晴尚覺寒冷

夜間仍復結凍已午以後方見和解然引河仍

可竟日挑挖其大河復聚之水凌雖未全解而
春令融化較速是以挑水壩頭一二日內亦即
可展做計期不出正月引河可大段完竣再行
詳加收拾並俟挑水壩多做數十丈時即可開
放引河至順黃兩壩所餘口門本屬無多日前

硃批
總以堅固為要勉之

所做軟廂業已到底現令厚土填壓俟引河將

成時再相机進築臣等惟有竭力赶辦務期于
桃汛未届以前全行蕆事所有奉到
諭旨緣由理合恭摺覆
奏伏祈
皇上聖鑒謹
奏乾隆四十五年正月二十三日奉到

硃批覽奏俱悉迩日復東北風作雪甚寒遥念彼處
寔切憂勞也欽此

臣阿　臣陳　臣榮　跪

奏為奏

聞事竊臣等辦理王家莊引河工程雖未開凍仍可

做工及挑水壩俟冰凌融化即當續行展做等

由業于本月十九日恭摺奏蒙

聖鑒在案自二十日以後天氣晴明惟早晚尚覺寒

正月廿六　拜發

冷日出後始漸化凍然于挑挖之工並無妨碍
日内氣候亦漸温和通計引河工程已有八分
並間有数處大段已完者 臣等即往查驗復令
詳細收拾此外亦俱上緊催儹自可不致遲延
至挑水埧頭之氷凌竭力敲鑿至二十二日始
得開動施工又経接做十餘丈并以次添做魚

鑲邊埽運前共有二十餘丈現由埧頭斜向東北量至引河頭標竿處所尚有百丈以內自當再赶做數十丈使大溜直向北趋更為有益其頃黄埧所澆土戧已將次完竣現擬加高并鑲防風以為外護至金門丈尺所剩本屬無多日內上游氷化河水較增溜勢稍緊若于引河未

完之先遽行進築恐口門太寬埧工不無着重
是以現將已做之工日逐鑲壂堅寔俟引河赶
日全完再一面相機進築則河水一経蓄高即
可開放引河以為堵合之計所有現在辦理情
形理合恭摺具
奏並遵

旨繪圖貼說恭呈
御覽伏祈
皇上聖鑒謹
奏乾隆四十五年正月二十八日奉到
硃批自二十五日此間西南風方幸可以放淌摺中
並未提及又係二十六日所發摺自然尚未成功

殊深廑念也欽此

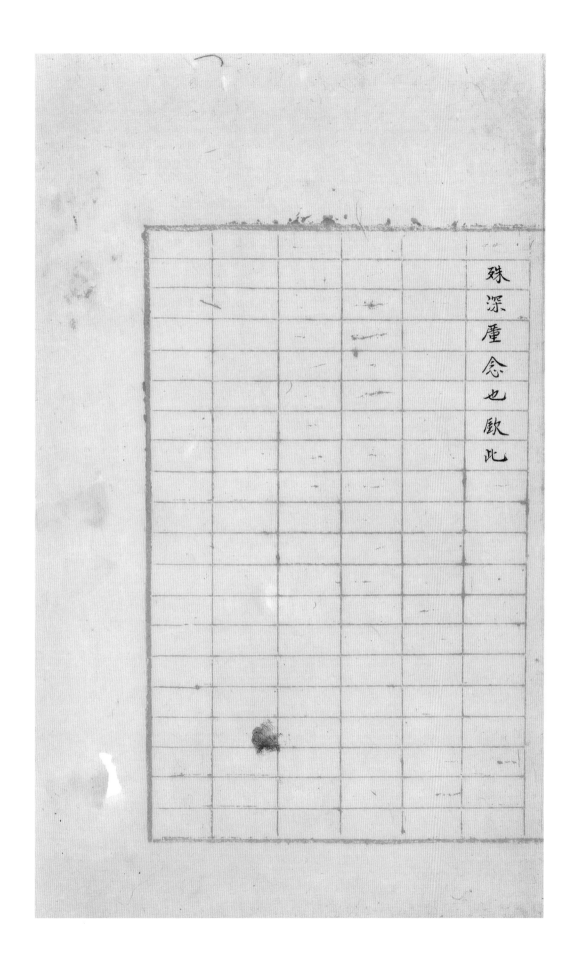

臣阿　臣陳　臣榮跪

正月三十日
拜發

奏為覆

奏事本月二十八日接准尚書額駙公福　字寄

內閣二十七日奉

上諭此間距開封數百里昨二十五日西南風甚大

方幸可以放溜今二十六日所發之摺何以並未

提及近日風信深為廑念已于摺内批示據摺内称引河工程已有八分計所差不過一二分兩三日内料可完竣此時諒已办完何日可以放溜盼望之至着傳諭阿 等即將近日是否得有西南風可以乘勢逼溜其引河工程是否已办得十分何日可以開放引河堵塞合龍之處迅速據實覆

奏摺此由六百里傳諭知之欽此竊查引河工程
自正月中旬復遇風雪冰凍之後雖仍督令竟
日挑挖然因早晚凍土凝結施工究為費事兩
日所做工作僅抵一日是以核計至二十六日
止有八分工程近今氣候漸向温和而所剩水
內挑挖淤泥仍未能迅速雖現在又有陸續報

完者然通工完竣須在二月初五以内再令詳
細收拾方可一律平順以期暢達無阻其挑水
壩工程每日可得二丈餘形勢甚順現在趕做
二十餘丈庶開放引河信為得力至順黄壩口
門所剩本屆無多前此展做軟廂後已僅存八
丈餘適值上游水凌化倘奔赴口門溜勢稍緊

幸竭力廂壓浔以穩固此時引河尚未全完若

又令進築恐口門太窄难免著重且合計不過

再進大埽三箇即可合龍是以臣等公同商酌

硃批

擬俟引河全完之先一二日方令進埽以為蓄

是仍應慎重爲之

水開河之計至工次風色前此二十五日亦係

西南風但不甚大二十六日癸酉時係東北風

兾有微雨旋即停止嗣又淂一二日南風目下
又轉北風天氣連陰將來開河時若淂好西南
風于放溜自更有益至開河後察看溜勢光景
或須暢流數日再行合龍或大溜已全注引河
即可相机堵合此時固難預定然統計開放引
河之期總在三月初十以内而合龍之期仰賴

天
神庇佑亦必在挑汛將至以前臣等仰惟
硃批 寔無一日不祈
聖心注念甚殷又身任其事值此壩成更不勝迫切
之至所有奉到
天神之佑也
諭旨及現在趕辦緣由理合恭摺覆
奏伏祈
皇上聖鑒謹

奏

乾隆四十五年二月初四日奏到

硃批覽奏俱悉欽此

二十　荣柱等奏为王家庄引河工程计二月初完竣并挑水坝以次展筑顺黄坝相几再进等情形折及朱批

乾隆四十五年二月初十日

臣阿 臣陳 臣榮 跪

奏為具

奏事竊照引河工程約計二月初可以辦竣並挑

水壩以次展築順黄壩相幾再進等由業經恭

摺奏蒙

聖鑒在案今引河各段工程竭力催儹於本月初四

二月初六日拜發

日通行完竣臣等逐一丈量驗收寬深丈尺俱有多無少其每段土格亦俱劃盡上下一律通順因即於初四日順黃南堤先進一埽現在層層鑲壓頗為平穩惟因金門水深七丈餘擬將倫云必得五日方能追壓到底而北堤亦必須進一門埽樓定始更堅寔目今察看水勢如河

水猶不甚高而埧工又極穩固即不必俟南埧之埽到底北埧即當進一門埽使水勢益得蓄高以期開放時猛注有力看來光景總在初十之內必可開放引河至桃水埧又展做十餘丈

（硃批：是好機會以手加額覽之）

大涵直掃北崖其臨水土堰業已刷動並將外灘亦日漸刷深現仍赶緊接展啓放時必倍能（硃批：好）

得力所有引河工竣及現在辦理堤工情形合
先恭摺具
奏俟開放引河後再行馳報伏祈
皇上聖鑒謹
奏乾隆四十五年二月初十日奉到
硃批日望喜音之至無他諭也勉之欽此

二十一　荣柱等奏为开放引河掣溜情形折及朱批

乾隆四十五年二月十二日

臣阿　臣陳　臣榮跪

奏為恭報開放引河掣溜情形仰祈

聖鑒事竊照王家莊引河挑挖完竣因即進埽蓄水

等由業於本月初六日恭摺奏

聞在案查此次挑水壩續行進築以來大溜專走北

崖又自初四日南壩進埽以後大河水勢漸長

二月初八日拜發

至初六日晚間比較引河底高至七尺有餘全
溜直撞引河頭土堰頻頻衝刷有怒不可當之
勢因即開放引河奔騰下注聲壯勢猛大溜頻
見掣動至初七日卯刻已過百餘里水之和好
地方水色渾黄流甚湍急且初開時两壩金門
頻落水一尺次日又落水四寸壩工更為穩固

因將北壩應摟之門埽即於初七日早間赶進
現在層層鑲壓雖金門之水本深七丈有餘又
已收窄水勢仍不能不湍洶而其力量則比未
開時已見輕減臣等連日察看引河光景寔已
掣溜六七分金門現寬已不滿六丈俟南壩再
進一埽即可相機堵合所有開放引河分掣大

二

溜埧工穩固情形理合恭摺具

奏伏祈

皇上聖鑒謹

奏乾隆四十五年二月十二日奉到

硃批以手加額欣慰覽之今日渡黃陶莊

神祠默致虔禱正聞此信寔切欣慰然必俟金門合

龍定大河順歸故道方釋此懷耳有旨令李奉翰
與陳輝祖對調以其熟悉河務善後正資一切料
理可告彼亦即令彼赴豫矣欽此

三

二十二　荣柱等奏为口门合龙、坝工尚未稳固等情形折

乾隆四十五年二月十五日

四十五年二月十五日拜發

臣阿　臣陳　臣榮跪

奏為具

奏事竊照本月初六日開放引河即奔騰下注掣

溜有六七分及兩壩工程平穩情形業經　臣等

於初八日恭摺奏蒙

聖鑒嗣後引河日見暢達又連值順風大溜分掣至

八分以上兩岸並見塌崖因於初九日南壩又
進門埽一箇金門止寬三丈有零惟水深十餘
丈勢尚湍激臣等本欲俟引河多流数日上下
暢順再行合龍不意十一日午刻兩壩即先自
攏合隨上緊填壓未逾数刻金門立見断流祇
因上游本有雨雪融化春水已至而金門断流

之後河水又驟然湧高增長至一丈七尺以致
兩垻腰漏掛簾之處甚多詢據李永吉等俱稱
歷來合龍後必有之事臣等親身住宿垻頭率
同文武各員分頭搶築竭四晝夜鑲壓不遺餘
力現在尚有一二處腰漏其南垻後之戧垻亦
因從前廻漕汕空水定後漸〻塌散而正垻仍

然屹立如故現在儘力加倍鑲壓並趕添邊埽
以爲外護且大溜已於十一日全入新河堤前
俱係停水而長水亦已漸消退歸槽自益可望
穩固惟未屆十分放心可恃之時臣等未敢即
馳報合龍又恐
聖心懸盼彌殷理合將實在情形先行具

奏統俟河水大消埧工穩固再行奏報伏祈

皇上聖鑒謹

奏

再臣阿　愚見李奉翰雖即日到豫且係熟習
河務一切善後章程自應遵
旨交其料理但伊究係初到而陳　在工日久不
特善後諸事朝夕公同商酌胸中已有頭緒即
現在所用錢糧亦須原辦經手之人會同撫臣
稽覈可否令陳　暫留豫工與李奉翰等一

同籌議善後事宜並將用過錢糧大數趕緊於
十数日内核定再令趨赴
行在伏候
諭旨遵行謹
奏

四十五年二月二十日拜發

臣阿　臣陳　臣榮跪

奏為恭懇

聖恩以示鼓勵事竊查南河派來豫省辦工之文武

各員前經奉有

諭旨如果奮勉出力自當酌量加恩今大工已得合

龍該員等在工日久自應擇其中出力較多者

量予奬勵除李永吉等業已蒙
恩無庸再議外其餘如守備韓勝辦工熟諳上年亦
奉有
諭旨以遊擊都司陞用但河營出缺甚少該員至今
尚未陞補可否仰懇
聖恩先賞給都司頂帶遇缺題補又高寶營守備田

宏謨人頗明晰勤奮在脩弁中較為稍知河務
形勢並懇
恩准以應陞之缺酌量咨補又由清河縣縣丞題署
高郵州州判田文龍亦係前年高晋帶來差委
之人該員在堤實心出力且於一切勘估丈量
等事頗為熟諳看其材具儘足勝州縣之任可

旨一并仰懇
聖恩交與江南督臣薩載並臣陳　遇有沿河相
當知縣缺出即行題補之處理合恭摺具
奏請
旨伏祈
皇上訓示謹

奏

二月二十六日奉到

硃批著照所請行該部知道欽此

二十五　荣柱等奏为恳请开复原任河东河营守备张位以示鼓励折及朱批

乾隆四十五年二月二十日

四十五年二月二十日拜發

臣阿　臣陳　臣榮跪

奏為懇

恩開復以示鼓勵事竊查原任河東河營守備張位

先因上年春間隨埽落水奉

旨以應陞之缺即用嗣因十堡北壩屢被冲塌叅奏

革職作為兵丁効力其時為振作工員起見不

得不稍示創懲但該員本係椿埽出身不特河
東備弁無出其右即南河工員亦俱稱其熟諳
工作而自効力以來倍加奮勉已幾一年自應
復還守備並遵
旨以應陞之缺補用但東省河營並無守備陞缺該
備又係椿埽出身不諳弓馬難以補用標營可

否仰懇
皇上天恩准將張位復还守備遇缺補用並給以都
司職銜頂帶以昭勸勵又查原任河南下北河
同知張符升先以推陞知府陞銜留任上年因
同李永吉估報料數不實叅奏革職枷號亦因
十堡堤工被冲人心搖惑之時不得不重懲警

衆其實初經估報臣等原可飭駁且經手人多
亦非伊所獨能侵冒今該員自奉
旨免罪自効以來深知感奮凡於挑挖引河及照料
壩工諸事較前轉肯實心出力且伊雖不免漸
染河工習氣而在河東現在廳員內尚係諳習
河務者可否仰懇

聖恩交與李奉翰差遣委用如果益加奮勵始終不
懈准其由知府降等以廳員酌量題署理合恭
摺具
奏請
旨伏祈
皇上訓示謹

奏　二月二十六日奉到

硃批知道了欽此

二十六　荣柱等奏为祥符仪封漫口坝工合龙用银折，顺黄坝工情形夹单及朱批

乾隆四十五年二月二十二日

一

臣阿　臣陳

臣李　臣榮　跪

二月廿二日

拜發

奏為

奏明事竊照豫省自前歲祥符儀封漫口以來大

工興築不停屢荷

皇上頒發帑金所費甚鉅今壩工已得合龍穩固一

切善後事宜現在會商籌議所有用過錢粮大

数可以約畧計筭臣阿　因令臣陳　臣榮
督同該司道逐一核計除善後各工應用銀
兩俟酌定後另行具
奏外所有前歲時和驛約用銀八萬二千五百四
十餘兩新庄八堡約用銀三十二萬三千二百
八十餘兩十六堡漫口堤約用銀四十三萬四

千六百四十餘兩上年十堡堤工併挑河約用
銀二十九萬零七百五十餘兩六堡順黄堤挑
水堤引河約用銀一百零三萬六千二百六十
餘兩以上通共用銀二百一十六萬七千四百
八十餘兩此内有例應全賠者有應照例銷六
賠四者臣陳　臣榮　臣李　再行詳加

核定將用過確數先行

奏明由臣李　照例分別

題銷再如此次挑挖引河適值氷凍凝結之際趕

緊施工以期于桃汛前蕆事所結土方價值數

倍于例價雖係寔在支發而不便另開一例除

合例應銷者照例准銷外所有多用銀兩臣榮

三

另行核定

奏明于河南通省各官養廉内分年攤扣歸欵其

加價購備大工料物及本年歲料銀兩應遵照

前奏核寔分年攤征還欵以上攤扣攤征各欵

俱不在前項應賠應銷數内所有前後用過钱

粮大数理合恭摺具

奏伏乞

皇上睿鑒謹

奏　二月三十日奉到

硃批昨已有旨寬賠尔等未接到耳善体其旨酌辦

可耳欽此

四

夾單

再查順黃壩工自二十日以後現仍日逐填壓
較前倍加堅寔新河塌崖愈寬涵勢益覺暢洪
日内水勢又漸消退壩前停淤更增理合附摺
奏
聞
二月三十日奉到

硃批欣慰覽之欽此

二十七　阿桂奏为豫省南北堤工及仪封十六堡漫口补筑所需银两折及朱批

乾隆四十五年二月二十二日

臣阿跪

二月廿二日拜發

奏為

奏明事竊臣前奉

諭旨將豫省南北堤工應行修補者復加詳細勘估

奏聞興工欽此業經臣會同前任河臣袁

陳委員履勘將必須即行修理者共估銀

三萬三千七百餘兩附摺奏
聞在案查此項堤工上年俱陸續辦竣惟南岸料車
經行及貧民棚棲處所尚未全行蕆工然所餘
亦復無幾今大工業已告成所有未完各段自
應令河臣李　上緊趕辦于大汛未届之先
一律全竣又臣前奉

二

諭旨以漫口下游各河至安徽之渦河一帶應行疏
濬之處亦詳悉勘明妥恊辦理等因所有祥符
時和驛決口下游之惠濟河内應行疏挑兩段
約須銀一萬二千餘兩其儀封十六堡漫口下
游須俟工竣水涸勘辦而大段俱屬深暢亦經
臣會同詳悉奏

聞並奉有
諭旨以南河各工亦経薩載等勘辦毋庸阿　復往
會查等因欽遵在案今大工業已告成所有時
和駟下游惠濟河雖前已勘估興工尚未查驗
應令撫臣榮　再行派員查勘如有未能一律
暢順之處即照估寔力疏濬其儀封十六堡漫

三

口下游渦河等處冲刷日久仍屬寬深惟水勢
散漫之處其岸入支河口岸不免間有淤淺自
應一併疏濬以備夏秋潦水有所歸注應請交
與撫臣榮 派委誠實大員履勘疏濬但所費
亦屬無多似可酌用民力無須另給帑項仍俟
工竣之日核實奏

聞應否如此理合恭摺具
奏伏祈
皇上睿鑒謹
奏　　二月三十日奉到
硃批知道了欽此

四

再臣上年奉
命查勘袁　　等所奏籌辦善後事宜業將大概情
形先行具
奏在案今臣在工一載有餘留心訪察內惟十六
堡漫口估築幫戧及越堤撐堤銀四萬零二百
餘兩此時情形迥異無庸辦理此外原估銀十

萬八千七百餘兩俱係應做之工早経辦竣並
無浮揑理合附摺覄
奏伏祈
皇上聖鑒謹
奏　　二月三十日奉到
硃批交李奉翰可也欽此

二十八　荣柱等奏为顺黄坝工合龙善后各项工程情形折、夹单及朱批

乾隆四十五年二月二十五日

一

臣阿　臣陳
臣李　臣榮　跪

奏為會議新工善後各事宜仰祈
聖鑒事竊照順黄埧工業已合龍穩固所有善後各
事宜先経臣阿　等大畧酌籌今復與臣李
詳悉公同商議查順黄埧身本已寛厚堅寔且
自合龍後晝夜填廂已経半月現仍日逐培廂

二月廿五日
拜發

工程自益筆固但係臨黃新工不可不慎重保

護　臣等擬將堤身加高外廂邊埽防風並于貼

近戧堤後再澆裡戧一道約需銀五萬七千一

百六十二兩零其挑水堤一併加高帮廂並接

至南堤約用銀六千九百九十四兩零並預備順

黃挑水兩堤防守夫料銀一萬四千兩至上年九

二

月内臣阿　等欽遵
諭旨奏明俟順黄堤合龍後並將十堡十六堡一併
補築完好今查十堡口門現寬六十五丈俱係
停水亦不甚深今擬補完堤工並于積水處廂
做防風並將已做工段一律加高接與圍堤相
平計需銀九千八百六十兩零其十六堡漫口

從前水勢甚深自上年停工不辦伏秋汛内口
門塌寬至二百六十五丈而以塌寬之後河水
平滿轉見淤浅現在止二三尺之水並無跌塘
今擬估廂防風並補還堤工計需銀一萬七千
兩零至自順黄南堤起接至南岸老堤止計長
一百零七丈現于議澆裡戧時一律接築與堤

三

相平其自順黄北堤起至十六堡漫口迤東止
上年亦已遵奉
諭旨並
硃筆標示之圖通行接築圈堤以防搜後之虞今春
臣陳
因大工合龍在即随一面派員趕辦
共長二千二百九十三丈現已淂有八分工程

臣李　仍當上緊督令趕築共計需銀一萬
四千七百三兩零又臣李　看得此次新工
係逼淌北向北趨直走中泓以免十六堡以下
幾及二百里順堤河之險關係寔為至要應于
順黃堤之東相去一百餘丈外再加築二埧一
道南接老埧北接圈堤以為重重固護臣阿

四

等再三高酌亦應如此辦理計長三百九十四丈底寛十六丈六尺頂寛四丈高與大堤相平約需銀二萬七百九兩零又儀封十六堡並考城汛内堤工因連年料車經行貧民又搭棚棲住是以内有一段单薄残缺今擬加填帮寛計銀一萬二千五百三十九兩零以上善後各工

通共需銀十五萬二千九百七十七兩零再查
潘家廠引溜係上年秋汛時始露有頂衝形勢
因即酌量開挑每遇長水必能進涵但現在新
河既已暢行轉不必令其分勢目下擬將引溜
河頭築埧堵截俟伏秋大汛時臣李　　察看
形勢酌量辦理倘潘家廠果得沖塌成河則自

五

挑水垻至順黄垻一帶俱可淤成陸地垻工更
可省修防以上各條臣等公同酌定意見相同
即一面督飭趕辦定限于三月内完竣至此外
南北兩岸或尚有應办事宜容臣李　遍行
履勘後遵照面奉
諭旨再行酌量奏明辦理所有新工善後章程理合

恭摺具

奏並繪圖貼說恭呈

御覽伏祈

皇上訓示謹

奏

六

夾單

再查合龍已経半月晝夜鑲廂堅寔現在尚未停工河臣李　亦稱寔已鞏固而新河行溜與伏秋汛水無异大河水勢又已漸消至金門以上原水深十餘丈者日逐停淤現止四丈有零金門以下間斷現灘十堡埧工水深處寬不

過十餘丈且係止水其餘均屬淺灘至十六堡
漫口則全係淺水不過二三尺兩處補築埧堤
爲力甚易其善後事宜又經會同李　　等悉
心酌定次第興築統計三月內必可全竣臣阿
在工寔無可辦之事因于二十五日遵
旨起程帶同軍机處司員馮應榴舒濂馳赴

行在復
命理合附摺奏
聞謹
奏
三月初二日奉到
硃批如所議行欽此

乾隆四十五年二月二十五日

臣阿跪

奏為據情代

奏事據原任河東河道總督革職留工効力姚

呈稱竊念立德仰蒙

聖主鴻慈簡畀總河重任八載之中受

恩深厚屢荷矜全乃以經理未周致有儀封漫口之

二月廿五日拜發

事不特閭閻被淹失業築防錮賑多費
帑金且久經廑切
宸衷勤勞
宵旰立德撫衷自問獲戾甚重無地自容尚蒙幬覆
深仁不加治罪僅予革職留工効力寔屬夢想所不
敢期感奮私忱無時或釋今仰賴

二

皇上洪福大工幸得告成俟將善後工程隨同料理
一完竣以固重門保障即當趁赴
行在叩謝
天恩其一切應賠銀兩即圖上緊設法完繳所有感
激下忱伏祈據情代
奏等語臣查姚立德自卑職効力以来一切隨同

経理並無懈弛應否令其于十堡十六堡補築
完竣後前赴
行在謝
恩之處理合據情代
奏伏候
諭旨遵行謹

奏　　三月初二日奉到

硃批知道了欽此

三

三十　荣柱等奏为河南河北道朱岐请假回籍丁母忧，由开封府知府康基田暂理河务折及朱批

乾隆四十五年二月二十五日

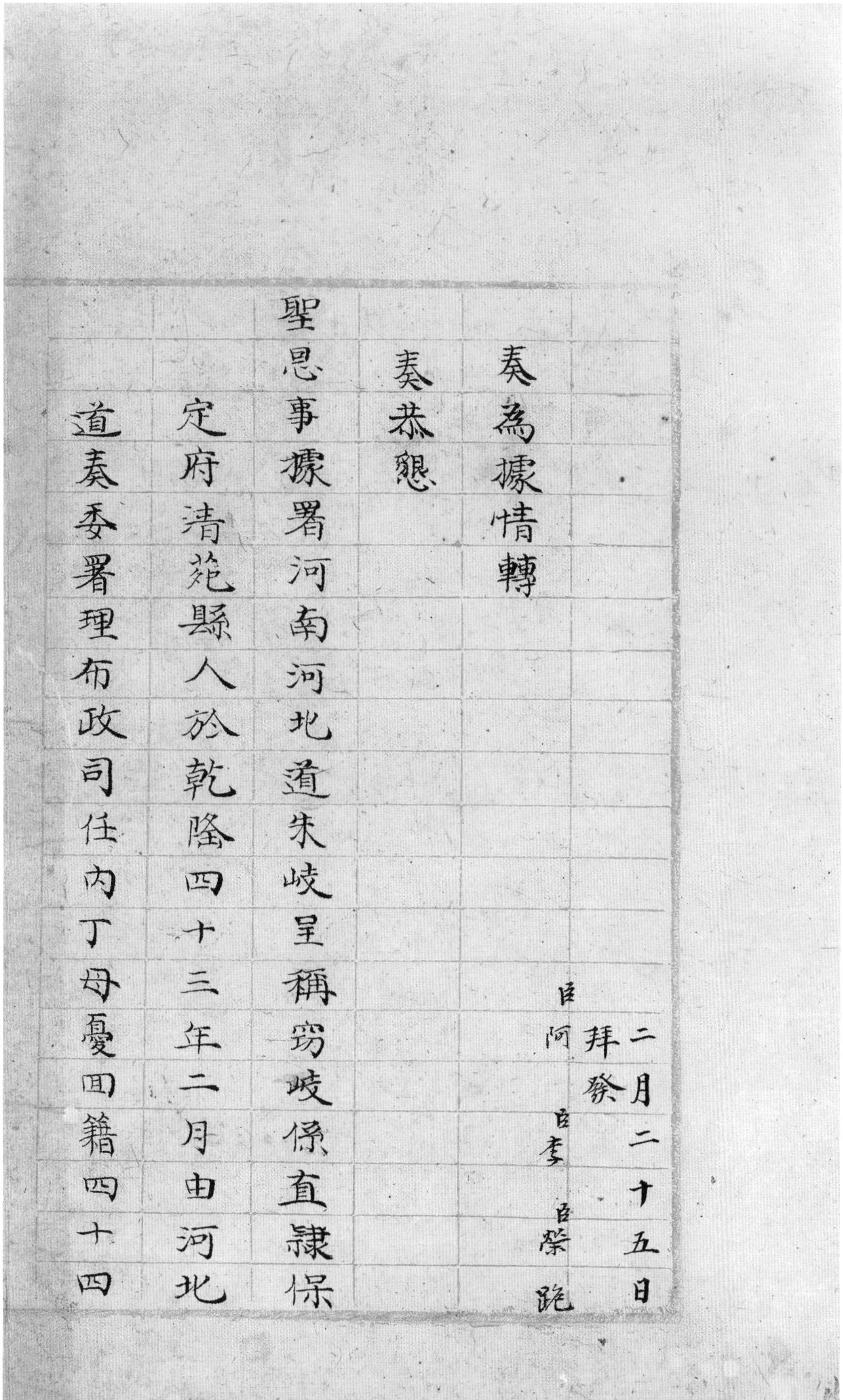

二月二十五日
拜發
臣阿　臣李　臣榮　跪

奏為據情轉
奏恭懇
聖恩事據署河南河北道朱岐呈稱竊岐係直隸保
定府清苑縣人於乾隆四十三年二月由河北
道奏委署理布政司任內丁母憂回籍四十四

年二月二十三日奉

上諭朱岐著署理河北道服闋再行寔授欽此遵于

三月內來抵儀封工次接印任事委辦堵築埧

工並開挑引河等事茲幸大工合龍穩固河復

故道而岐烏鳥私情有不得不瀝陳者竊岐幼

孤失怙幸賴母氏顧復教養今母故兩年停櫬

未塟魂夢難安查乾隆三十一年山東沂州府
知府蔡應彪告假葬親經山東巡撫崔應階
奏請給假三個月奉
旨先准在案今岐母故未塟懇照蔡應彪之例給假
三個月俾得辦畢葬事務於伏汛以前回任伏
祈據情代

奏等語臣等查該道朱岐在工辦事以及一年今

大工已得合龍善後事宜亦俱派員經理該員

藉親情切不敢壅於上

聞理合據情轉

奏如蒙

聖恩俞允所有河北道印務查有開封府知府康基

田入頗結實在工承辦引河等事俱皆實心出力於河務亦漸習諳應請即令其護理伏祈

皇上聖鑒謹

奏

乾隆四十五年三月初六日奉到

硃批知道了欽此

臣陳　臣李　臣榮　跪

奏爲確查大工用項並覆核善後工程銀數專摺

奏

聞事竊臣等前於貳月貳拾伍日會同大學士公阿

將籌辦新工善後事宜及祥符儀封兩處大

工約計用過錢粮總數恭摺具

奏并聲明　臣陳
聞在案數日來　臣等率同司道等逐壹細查如祥符
下汛時和驛漫口起於乾隆肆拾叁年陸月貳
拾玖日以及堵築新莊捌堡至拾壹月貳拾玖
日合龍儀封汛拾陸堡漫口自該年柒月貳拾
肆日興工起嗣復改辦拾堡以迄肆拾伍年陸

堡合龍後止各就工段分核款項并将各該處
埽壩之高寬土工之丈尺以至築埝挑河之壹
切夫工方價逐條查算均與阿　在工時會同
臣等所奏通共寔用銀貳百拾陸萬柒千肆百
餘兩大數相符現由臣李　遵照漕規確造
細冊另行具

題此內捌堡新莊用銀叁拾貳萬叁千貳百餘兩
係
奏明全賠之項其祥符之時和驛儀封之拾陸堡
拾堡及此次陸堡順黃壩各工共用銀壹百捌
拾肆萬肆千貳百餘兩俱應照銷陸賠肆定例
分別辦理除應請銷銀壹百玖萬零伍百餘兩

外其餘各工銀壹百柒萬陸千玖百柒拾餘兩
俱係例應著賠之數按照成例大小各官分作
玖股均賠今統計應賠貳股之原任總河姚
已故管河道忠德應各賠銀貳拾叁萬捌千
陸拾柒兩零巡撫鄭　及府廳縣汛弁貟應
各賠壹股銀拾壹萬玖千叁拾叁兩零再查全

二

案内惟新莊搠堡及拾陸堡各工有加價採買
稭料壹項先經
奏明所加之價總河以下另行分股認賠 臣榮
在藩司任内亦呈明分認壹股計應賠銀伍千
陸百柒拾壹兩零所有核定大工用銀確數及
應銷應賠并善後各工數目 臣等正在繕具清

单專摺奏

聞 閒接到大學士公阿 抄寄

上諭內開此次漫工辦理情形實非從前漫缺可比

所有用過工料銀兩俱著准其奏銷毋庸議賠惟

缺口究因平時防護不慎所致從前河臣姚立德

撫臣徐績實難辭咎著查明伊貳人任內所辦堤

工歲修等項分别著落賠補以示懲儆等因欽此

臣等跪讀之下同深感激臣等現在欽遵

諭旨將姚

徐

貳人任内應賠歷年堤工歲修

等項銀數逐細查明另行具

奏請

旨外所有儀工用項及善後工程銀數欽奉

諭旨緣由謹先恭摺具

奏伏乞

皇上睿鑒謹

奏　　三月初六日拜發

五

奏謹將核明祥符儀封兩工用過銀兩確數開繕

清单恭呈

御覽

計開

一祥符下汎時和驛堤工自四十三年六月二

十九日興工起至閏六月十八日止

共用料物夫工銀八萬二千五百四十五兩四

錢六分八厘

一祥符下汛新庄八堡埧工自四十三年八月

二十二日興工起至十一月二十九日完工

止計用料物夫工銀三十萬零六千一百三

十九兩二錢七分三厘又引河補堤等工銀
一萬七千一百四十五兩五錢四分九厘
共用銀三十二萬三千二百八十四兩八錢二
分二厘
一儀封汛十六堡壩工自四十三年七月二十
四日興工起至四十四年四月二十九日止

計用料物夫工銀三十七萬八千四百五十
八兩七錢三分四厘又引河埝埧并考汛月
堤土工銀五萬六千一百八十一兩四錢一
分九厘
共用銀四十三萬四千六百四十兩一錢五分
三厘

一儀封十堡埧工自四十四年二月初一日興
工起至六月十五日止計用料物夫工銀二
十萬零五千二百十四兩八錢五分又引河
切嘴抽溝等工用銀八萬五千五百四十兩
五錢八分七厘
共用銀二十九萬七百五十五兩四錢三分七

厘
一儀封六堡順黄挑水埧工自四十四年六月
十五日興工起至四十五年二月二十五日
完工止計用料物夫工銀八十五萬四千六
百七十七两一錢九分二厘又引河抽溝并
大加展寬挑深及切嘴埝埧等工共銀十八

萬一千五百八十二兩八錢六分四厘
共用銀一百零三萬六千二百六十兩零五分
六厘
以上通共用銀二百十六萬七千四百八十五
兩九錢三分六厘

奏謹将現辦儀封善後工程核定土埽各項銀数

開繕清单恭呈

御覽

計開

一挑水埧尾長九十四丈埽埧長三百四十二

丈加帮加高共計土一萬七千零二十二方
土工銀三千六百七十六兩七錢五分二厘
魚鱗埽工長六十丈夫料銀三千三百十八兩
以上土料共估需銀六千九百九十四兩七
錢五分二厘
一順黄堤南堤尾長一百零七丈埽堤長三百

二十二丈加帮加高並於垻後估澆裡戧共計
土二十一萬三千零七十二方三分五厘
土工銀四萬六千零二十三两六钱二分八厘
邊埽防風夫料銀一萬一千一百三十七两四
钱二分
以上土料共估需銀五萬七千一百六十一

兩零四分八釐

一頃黄埧東築二埧一道長三百九十四丈計

土七萬四千三百八十二方六分

土工銀一萬四千二百八十一兩四錢五分九釐

防風夫料銀六千四百二十七兩九錢八分

以上土料共估需銀二萬七百零九兩四錢

三分九重

一挑水堤順黄堤防守

脩稭料一千萬觔銀九千兩

夫工銀五千兩

以上共銀一萬四千兩

一十堡補堤並通身加高長二百九十一丈共

計土二萬一千七百三十方
土工銀四千一百七十二兩一錢六分
防風夫料銀五千六百八十七兩四錢二分
以上共估需銀九千八百五十九兩五錢八分
一自順黄北堤至十六堡迤東估築圈堤長二
千二百九十三丈計土十三萬六千一百四十

四方八分七重五毫

以上共估需土工銀一萬四千七百零三兩

六錢四分七重

一十六堡還堤長二百六十五丈計壹萬三千

一百零六方二分五重

土工銀八千二百七十六兩四錢

防風夫料銀八千七百三十兩零九錢

以上共估需銀一萬七千零七兩三錢

一自十八堡攔黃埧起至三十六堡及考汛三

五堡等處築埝帮寬加高並間段加帮共長四

千四百八十四丈計土十萬七千零十九方九分

以上共估需土工銀一萬二千五百三十九

兩六錢五分九釐
通共估銀十五萬二千九百七十五兩四錢二
分五釐

奏謹将大工用過銀数内除應請銷銀一百九萬
零五百九両二錢七分二厘外其餘應賠各項
并分賠股数一併開具清单恭
呈
御覽

計開

一應行全賠工程

祥符下汛之新庄八堡埧工共用銀三十二萬三千二百八十四兩八錢二分二厘經前任總河姚

奏明全賠内除稭料加價一項銀三萬二十九兩

二錢七分另行分股攤賠外實應作九股分
賠銀二十九萬三千二百五十兩五錢五分
二厘
一例應銷六賠四工程
祥符下汛之時和驛及儀封汛十六堡十堡
并六堡順黄壩

引河各工共用銀一百八十四萬四千二百零一兩一錢一分四厘内除十六堡垻工稭料加價銀二萬六千六百八十五兩二錢二分二厘另行分股全賠外共寔銀一百八十一萬七千五百十五兩四錢五分二厘照例

請銷六分應賠四分寔應作九股分賠銀七

十二萬七千零十一两一錢八分
一應賠稭料加價
新庄八堡及十六堡添用稭料經原任大學
士高　等
奏明加價其所加之項照例以九股均賠並經臣
榮　於

藩司任内呈明認賠一股計應作十股分賠
銀五萬六千七百十四兩九錢三分三厘
以上統計各項分賠銀一百七萬六千九百七
十六兩六錢六分五厘應照例以初漫口時在
任之総河巡撫河道以下等官分賠内
総河二股銀二十三萬八千六十七兩八錢

一分六厘
巡撫一股銀十一萬九千三十三两九錢八
厘
河道二股銀二十三萬八千六十七两八錢
一分六厘
知府一股銀十一萬九千三十三两九錢八

厘
廳員一股銀十一萬九千三十三兩九钱八
厘
知縣一股銀十一萬九千三十三兩九钱八
厘
守備汛官一股銀十一萬九千三十三兩九

錢八厘

又藩司於稭料加價十股内攤賠一股計銀五

千六百七十一兩四錢九分三厘

會銜

奏為祥符漫口斷流會商趕緊補築情形仰慰

聖懷事竊臣韓　於考城工次聞報馳赴焦橋查勘

漫口緣由業經由驛馳

奏初七日途次経過蘭陽陳留一帶大堤堤根滩

水已落四五尺及至祥符漫溢之處水已断流

細查該處係在八堡迤東地名焦橋漫溢刷寬
三十餘丈口門水深二丈三四尺八堡大堤及
圈堤前因俱漫水大堤蟄陷三處新舊圈堤共
漫塌五處各寬十餘丈至六七十丈不等臨河
新莊大堤亦有漫塌水深三四尺現在各缺口
內俱係止水灘面雖刷有溝槽並不通河惟口

門西首灘上抽掣串溝二處業経堵塞前漫溢之水查係由祥符以東経由陳留遄流下注會濟河無碍省城當大堤過水之時自初五日午前起至初六日午時止通流一日大河陡落水四尺餘寸河唇掛淤外灘商仰近口一帶灘面畢露口門斷流是以迅速漫過之水係在白晝

查詢人口上無損傷地畝是否成災業已飭司
查勘現在情形臣等會勘熟商亟應將大堤及
新舊圈堤漫缺之處先行補築外用柴埧內築
裹戧同時并舉以為外障以防汛水再長一面
將大堤補還水深之處下用料廂上加土頂裹
面仍澆土戧以資重衛現在酌調河營諳練員

弁會同地方官分投赶辦並委管河道席萇開
封府知府康基田總催 臣 等駐工督辦統限十
日內一律完竣所用錢粮除令原経手承修之
員賠補外其餘 臣 等推賠不敢請照例賠銷以
示炯戒所有焦橋漫口斷流及 臣 等會商赶辦
情形理合具摺由驛會

奏伏乞

皇上聖鑒謹

奏

乾隆四十六年七月初八日亥刻自汴城由六

百里拜

進

會銜

奏為恭謝

天恩事七月十六日承准尚書額駙公福　字寄内

開七月十三日欽奉

諭旨以祥符南岸漫溢之處水已斷流赶緊補築已

将爾等交部議叙所有北岸漫工請交部治罪之

處者加恩寬免欽此臣等跪讀之下感愧交集無
地自容伏念臣等職任河防不能先事預籌以
致祥符南岸漫水刷坍堤埧並儀封北岸十堡
漫溢又不能即行堵截断流致碍湖河
國計民生上廑
宵旰憂勞懸切捫心自問所司何事負疚實深寢食

靡寧尚何面目承受議叙惟有仰懇

皇上天恩仍將臣等交部嚴加治罪以安臣分以示

炯戒臣等不勝感激惶悚迫切待

命之至謹恭摺會

奏伏乞

聖主睿鑒謹

奏

七月十七日申刻拜發

七月廿五日戌刻奉到

硃批覽勉力新工速奏合龍可也欽此

會銜
奏為會籌赶辦儀封北岸十堡漫工情形仰祈
聖鑒事窃照十堡大堤漫刷外灘進水各溝槽及孔
家庄奪淌情形並籌办緣由業經臣韓　繪圖
具
奏在案玆臣富　到工會同臣韓　由水次沿

河復加勘查本日落水三寸閔家庄朱家廠二處溝槽寬二三十丈深八九尺業已堵築断流現浇裏戧牛家場溝槽寬三十餘丈深九尺餘現経赶辦亦可尅日完竣青龍崗大李家庄滩口俱寬三十餘丈深八九尺孔家庄滩口寬百餘丈深一丈五六尺至一丈七八尺查北三處

滩势最低河水滙注現在水势仍與滩平滩面
俱係新淤幸連日晴霽白露将届水力日綿乾
涸自易 臣等因要工难容稍緩現在多派人夫
将関家庄朱家厰牛家場断流之處自西而東
於河边一帶設法墊路既可作子埝以禦漫水
此法甚善是誰所想欽此
並可乘時趕運料物以備應用一俟新淤可以

駐足臣等即一面將青龍崗李家庄分段趕堵
閉氣一面將孔家庄盤築壩台與工趕堵並於
看來大河幸未斷流似易施工但未奏明甚爲懸念欽此
正河身內相度形勢抽挖引渠俾大河水有去
路度大壩堤工易于蕆事至工程較大用料頗
多臣富　前已派員就近收買以濟急需並
飭司趕办以資接濟刻下新料登場採办亦不

致遲悞 臣富 自黒堽渡河因此次異漲非
常順道留心查勘北岸各工堤頂土戧埽垻亦
多有刷塌之處埽面灘面掛淤或三五尺或與
埽面相平現在逐處搶厢築捻 臣隨嚴飭該員
等務須尅日赶辦完竣以資捍衛 臣等惟有竭
盡心力晝夜督辦以期要工速竣仰慰

勉爲之此次實不比往常焦急甚矣欽此

聖懷所有臣等會勘赶緊籌办緣由理合會摺奏請

聖訓伏乞

皇上睿鑒再儀封北岸被水各村庄臣等仰体

聖慈已委員分勘確查無力貧民酌給撫卹冲塌房

屋量給修費人口並無損傷並飭司歸於南岸

被水各村庄一体查办之處臣富　已於具

奏六月分地方情形摺内具奏合併陳明謹

奏

七月十七日申刻拜發

七月二十五日奉到

硃批已有旨了欽此

三十五 韩荣等覆奏大溜全归青龙岗情形折及朱批

乾隆四十六年七月二十四日

會銜

奏爲遵

旨覆奏事七月二十二日承准尚書額駙公福

字寄内開乾隆四十六年七月十九日奉

上諭曲家樓漫工在黄河北岸切近運河關係漕運

最爲緊要據稱就外灘臨黄堵截辦理甚是已於

原圖內孔家庄漫灘地面上硃筆畫出南北兩道
是否應於南邊孔家庄地面築壩堵截抑於北邊
連榮華寺溝槽處築壩堵截之處著韓　等悉心
籌酌勘明確切情形據寔一面覆奏一面動工辦
理再閱韓　國泰等原摺既稱黃水北注東省究
竟掣溜幾分其自河南入江南之正河是否竟係

全河奪溜抑尚餘正溜幾分著將現在寔情詳悉
具圖速行覆奏欽此 臣 等跪讀之下仰蒙
皇上天恩格外矜全
恩諭 臣 等不必過懼以致茫無主意不禁感激涕零
敢不殫竭血誠寔力赶辦以冀仰慰
聖主霄旰焦勞之至意伏查儀封北岸十堡漫口會

勘趕緊籌辦緣由臣等業於十七日由馹馳
奏在案茲臣等連日督率官兵已將牛家塲堵塞
完竣隨一面將青龍岡李家庄分段趕堵一面
於孔家庄盤築壩台二十一日夜西風大作浪
隨風湧青龍岡溝槽正當迎溜將灘面又塌寬
七十餘丈水深一丈四五尺不等全溜歸注現

十二

在盤頭裹護而李家庄孔家庄榮華寺溝槽俱
已掛口断流臣等正在率同道所營汛察勘填
台基址會圖具
奏聞荷蒙
聖恩發給前奏原圖
硃筆指示仰見

皇上至聖至明無微不照伏查青龍岡溝口與孔家
庄雖分倒勾迎溜而於灘唇建埧形勢相同臣
等恭閱之下得有主意當即欽遵插立標記相
距灘崖東埧五十五丈西埧六十五丈先將埧
台盤築堅寔並於正河身内測量深淺挑挖引
渠使水有去路復於西埧口門以上灘嘴迎溜

之處擬建挑水垻一道使溜勢未到口門即挑
向南趋合龍時水勢易歸正河垻工自免吃重
其孔家庄栄華寺大李家庄溝槽雖已断流但
俱係臨黄現在分段堵築以資抵禦所需料物
臣富　現督率藩司赶辦臣等惟有竭力督
辦以期早一日完工即早一日仰慰

聖懷至漫水下注東省情形臣韓　另摺具
奏所有大溜全歸青龍崗緣由理合繪圖貼說遵
旨覆奏恭請
聖訓伏乞
皇上睿鑒謹
奏

乾隆四十六年七月二十四日辰刻曹儀工次

由六百里馳

進

八月初三日奉到

硃批覽奏即有旨了欽此

會銜

奏為遵

旨據實覆奏事七月二十四日承准尚書額駙公福

字寄內開乾隆四十六年七月二十日奉

上諭云云欽此臣等跪讀之下仰見

聖明宵旰殷勤無時或釋臣韓　仰蒙

聖恩高厚不加嚴譴

垂憐初任

洞燭下忱

命江南河臣李　山東撫臣國　來工與臣等督

率赶築

鴻慈格外感激涕零伏查黄運兩河現在籌辦情形

臣等奉到

諭旨即詳悉分摺繪圖並將全河歸注青龍崗正河

斷流現勘定堤臺挑堤之處督率官兵赶辦及

孔家庄榮華寺掛口溝槽分段補築具

奏在案河臣李　撫臣國　不日到工臣等確

加會商務期妥速蔵事上慰

聖
懷至入運黃流臣韓　細查俱係東西分流散漫
而下由趙王河入運者約有四分因先有坡水
頂托黃水入運水頭僅高七八寸溜勢亦不甚
湧且對岸即係滾水各閘垻下注建瓴其分洩
不及者微流由運河北注南流二三里之外仍
係清水其入南陽昭陽湖者約有六分據報十

七日湖水續長一尺雖現由臨運之五里七里

单閘及漫過卑矮堤堰少分入運勢必遞注微

湖以下有藺家山伊家河兩處去路通暢尚可

無虞壅阻臣等惟有催集工料率屬竭力趕堵

是此條目今第一要務勉爲之約于何時可合龍欽此

漫口使黄水即歸故道以便籌辦東省運道宂

務仰副

圣主廑念运道灾黎之至意再北岸一切抚恤蠲消

事宜臣富

现另摺具

奏知廑

宸衷谨遵

旨由驿覆

奏伏乞

皇上睿鑒謹

奏

乾隆四十六年七月二十五日戌時曹儀工次

由五百里遞

進

八月初三日奉到

硃批知道了欽此

三十七　富勒浑、韩荣奏为盘筑青龙岗坝台并派员补筑各沟槽厢做防风折

乾隆四十六年七月二十八日

奏為遵
旨據實覆奏事七月二十五日接奉臣等十七日具
奏會勘籌辦漫工情形一摺欽奉
上諭本日據韓　富　奏黄河北岸孔家庄一帶
漫口現在會勘籌辦情形一摺已于摺内詳悉批

示據稱惟有青龍崗大李家庄及孔家庄三處灘
勢最低河水滙注仍與灘平灘面俱係新淤現在
閻家庄一帶設法墊路作子埝以禦漫水並可乘
時趕運料物一俟新淤可以駐足即趕緊次第興
工等語此法甚善查係誰人想及如此辦理着韓
等據寔覆奏又摺內稱正河內相度形勢抽挖

引渠俾水有去路庶大埧堤工易于蔵事現在新料登埸採辦不致遲悞惟有竭盡心力晝夜趕辦以期要工速竣等語此次漫口之水究竟掣溜幾分全河尚餘正溜幾分欽此並接奉
御製河工誌事詩一首臣等跪讀之下感悚交併仰
見

聖主廑念河防夙夜焦勞之至意伏查北岸漫溢波
及運道湖河寔非往常漫口可比臣等赶辦情
形業經節次奏蒙
聖鑒茲查連日晴霽河水漸落歸槽一帶子埝俱已
墊完灘水亦日見消涸現在料物四路可通臣
等即於青龍崗灘口東西督率官兵盤築埧台

並將挑水垻趕緊廂做其崇華寺孔家庄大李
家庄溝槽俱已派員分投補築廂做防風將來
水歸正河免其旁洩再正河斷流河身淤墊較
高里數甚長 臣等已調派能事州縣二十員會
同廳營分段承挑務於合龍之前完竣以通去
路容俟李 等到工再行會勘確商繪圖恭

呈
御覽外理合恭摺由驛覆
奏伏祈
皇上睿鑒訓示至築子埝以禦灘水以通車路之處
臣韓　與臣富　急切籌畫以期迅速興工
是以爲此不得已之計謹遵

旨據寔覆
奏
乾隆四十六年七月二十八日拜
進

廿三

奏為黄水分入河湖熟籌宣洩情形遵

旨據寔覆奏事七月二十五日承准尚書額駙公福

字寄内閣乾隆四十六年七月二十二日

奉

上諭云云臣跪讀之下仰見

聖主厪念運道湖河夙夜焦勞

指示籌辦之法無微不致臣伏思黃水入湖若任其

渟洄蕩漾必致停淤混江龍剷泥刮沙於疏濬

最為得力淺水之中用人推挽湖水雖深須用

大船帶拉往來湖面俾淤泥浮活自可不致受

淤臣當即飭行運河道督率幹員實力妥辦並

咨會山東撫臣一体飭辦臣查東省湖河並漲伏汛以来已拍岸盈堤並有限沒堤埝之處雖
奏請開放藺家山草壩消洩亦屬有限旋復加以黃水添入現在據報南陽卲陽各湖水勢更增下游宣洩不暢南陽一带堤埝間段漫沒水與閘平伏查黃水入運入湖全在去路通暢庶水

急沙行停淤較少欲使東省湖河之去路通暢必須於江境之閘壩急籌節宣查東境沂河之水由江南邳州之徐塘口入運徐塘口上游有盧口壩一道每年冬閉春開收沂水入駱馬湖濟運今擬請將盧口壩趕堵使沂水歸駱馬湖由尾閭五壩入六塘河歸海以截江境入運之

沂水駱馬湖臨運之王柳二閘係洩湖水入運

硃批此處朕不甚明悉應與薩載等熟商之不可冒昧

擬請堵閉以節入運之湖水並擬請將宿迁縣境內之刘老澗石壩旁酌開水口暢洩運河之水由六塘河入海並開清河縣楊庄上之鹽河閘暢洩運河水由武漳寺河歸海是江境運河之水既旁截其本境之來源復四開其入海之

去路又于微湖尾閘洩水甚利之藺家山壩大加開寬廣東省湖河之水下注暢利不惟水勢可消而黄水経由湖河流急沙行運道水櫃不致淤墊此黄水経由南陽昭陽一路謹擬籌辦之情形也其由張秋入運者對岸即係滚水閘壩入大清河歸海恐壩高閘窄宜洩不暢已飭

令運河道沈啓震酌看情形或再將左近堤埝
開放一處使其暢入大清河歸海其分注運河
硃批此計是欽此
而下至臨清入衛河該處一帶河勢建瓴通啓
各閘迅流直下亦可不致停淤據報現在往來
船隻尚無阻碍此黄水至張秋入運謹擬籌辦
之情形也至分水口南北張秋至南陽三百餘

里河道今汶水雖已遵令旁流臣復飭酌放湖
水藉清敵黄亦不使倒漾澄淤臣韓謹将愚
昧之見奏請
聖訓一面咨商江南督臣薩酌辦總之黄水一日
不歸故道則東省湖河一日不得安流誠如
聖諭非往常漫口可比臣心悚惕旦夕難安惟有趕

堵漫工迅速完竣以冀仰慰

硃批此最要著勉之欽此

宵旰焦勞扵萬一所有籌辦運河宣洩黃水事宜理

合遵

旨據實覆

奏伏乞

皇上睿鑒謹

奏

乾隆四十六年七月二十八日酉刻在儀封工

次由六百里遞

進八月初六日奉到

硃批已有旨了欽此

會銜

奏爲會勘青龍崗堵築壩工及擬挑引河情形恭

摺覆奏仰祈

聖鑒事竊臣等于八月初二日承准尚書額駙公福

字寄内開乾隆四十六年七月二十八日

奉

上諭孔家庄漫口已移改于青龍崗未知該處泓性
如何是否堅寔易于施工下埽韓 等自應迅速
督飭員弁趕緊廂護俾早完一日即百姓早受一
日之益至孔家庄等處雖已掛口斷流但係臨黄
漫口故道亟須分段堵築堅固以資抵禦又所奏
西壩口門以上建挑水壩一道挑向南趨俾合龍

時水勢易歸正河自應如此辦理富　即督率
藩司等赶辦料物齊集人夫迅速與工毋任稽延
等因欽此臣等跪讀之下仰見我
皇上宵旰憂勤軫念民生至意臣李　國　先後
到工隨會同臣韓　富　於初三日率同河
北道朱岐副將李永吉等將儀封北岸十堡河

滩漫缺各沟槽固历查勘李家庄荣华寺孔家
庄等处沟槽俱经断流挂口而内中宽深浅窄
不同诚如
圣谕系临黄河口故道亟须分段堵筑坚固以资抵
御臣等已多委干员逐处层层堵截外厢防风
务令坚实稳固不使草率虚松其青龙岗沟槽

此時全河趋注溜勢洶湧查該處係屬沙土臨
黄外口計寬二百四十餘丈前經臣韓富
勘擬建垻之處相距大河邊五六十丈並于
西垻口門以上建立挑水垻一道使溜勢挑帰
正河今臣等復加會勘查溝口建垻原為堵截
來源惟求不使入袖可以建立垻基則形勢即

爲得力蘇查所定之處距大河甚近形勢頗爲
順利現已盤築埧台並兩邊刨槽廂護以防搜
刷向來灘上增築漫口于大埧擗竣之後又加
築二埧以爲重門保障今青龍崗灘土究屬沙
鬆尤宜慎重料理臣等復加細商擬將大埧二
是亦一道也欽此
埧同時並築彼此相依内外相制似更有益呈

溝槽以下之正河因此次黄水漲發異常一經
旁趋掣淌陡漲陡消河身停淤較厚查青龍崗
至孔家庄一帶正河身内抽挑引溝尚易其孔
家庄迤南舊河身一千五六百丈淤與老灘相
是應急為之然不可因欲速而致疎忽欽此
平急應開挑以下填有河形其中間段淤勢厚
薄不一約計二千餘丈亦須一律挑浚方可以

資通暢其正河真至江境河身如有淤浅之處
亦應酌量抽溝臣等現在確估分投赶辦一切
應需料物人夫臣富
業已督率藩司等赶
辦不致遲悮第引河工段綿長需夫甚多臣國
因豫省州縣遠近不等遠處人夫一時未能
齊集隨于東省附近地方催撥民夫一萬名委

員帶赴工所帮同協挑俾引河速得挑成大埧

口門收窄時乘勢開放大溜全入正河則埧工

易于堵合臣等惟有竭盡心力以期要工妥速

早竣仰慰

聖懷所有會勘青龍崗堵築埧工及挖挑引河情形

謹繪圖貼說恭摺由驛具

奏伏乞

皇上聖鑒訓示謹

奏

乾隆四十六年八月初五日辰刻在儀工由六

百里拜發

會銜

奏爲欽奉

諭旨垂詢據實覆奏事八月初四日承准尚書額駙

公福　字寄内開乾隆四十六年七月三十

日奉

上諭據國　奏黄河漫溢下注東省之水南則由曹

縣定陶城武魚臺流入南陽昭陽微山等湖入江
南運河北路由趙王河沙湾河穿運入大清河歸
海閱對河圖自應如此南北分晰比之韓 所奏
東西分流者較為明白至所稱黃水雖漫入湖因
湖水壅阻溜勢向南流注是以惟湖之西面水帶
黃色現在差員帶同年老兵役循流順查黃水是

否由湖西藺家埧一帶下注江南運河抑或日以
浸漲各湖歸入東省運河下注等語目今又隔數
日差往官兵查看情形究竟如何著即迅速覆奏
再所稱將運河兩頭上下戴廟荊門等閘蓄清抵
黃黃水並未出槽不致旁溢即有滲下淤沙不過
在兩閘之間上下數里亦易於挑復俾回空各船

跟帮入境以期行走無滞等語覽奏為之畧慰比
時東省漫水甚関緊要豫省工次現在李　　韓
富　在彼公同督辦國　竟不必赴豫專在
東省督率道廳將弁辦理堵築宣洩及撫䘏事宜
俾回空糧船不致阻滞以副朕廑念運道之至意
其李　韓　富　等即迅速催集工料竭力

趕堵漫口使黃水即歸故道為目今第一要務該
督等勉力為之其約於何時可以合龍之處並著
迅速具奏所有御製河工誌事詩一首著抄寄阿
薩　等閱看本日韓　國　奏到之摺一併先
行抄寄阿　閱看將此由六百里各傳諭知之欽
此并接奉

御製河工誌事詩一首到臣等跪讀之下仰見
聖主廑念漫工運道民生
訓示周詳之至意伏查青龍崗漫口亟須堵築臣等
現在一面先於埧工淺水處趕緊軟廂至深水
處即行進埽一面將引河開挑深通使水有去
路則埧工方不致喫緊但查引河工段較長淤

墊甚厚郎加夫分段趕緊儹挑亦須五十餘日

一俟引河挑竣將夫埧趕築相機合龍自易蕆

事臣等惟有趕催料物併力儹辦務期迅速早

竣斷不敢稍遺餘力有負

天恩再趕堵漫口疏通湖河隄為目前應行并辦之

要務誠如

聖諭必須大員督率道廳將弁堵築宣洩方克有濟
臣等公同商酌自應遵
旨臣李
臣韓
臣富在豫趕辦漫口工段
臣國
即回東省辦理湖河及撫卹各事宜兩
地分投料理以期無悞上慰
聖懷所有臣等欽奉

諭旨垂詢理合據實覆

奏伏乞

皇上聖鑒謹

奏

乾隆四十六年八月初五日辰時儀封工次由

六百里拜

進

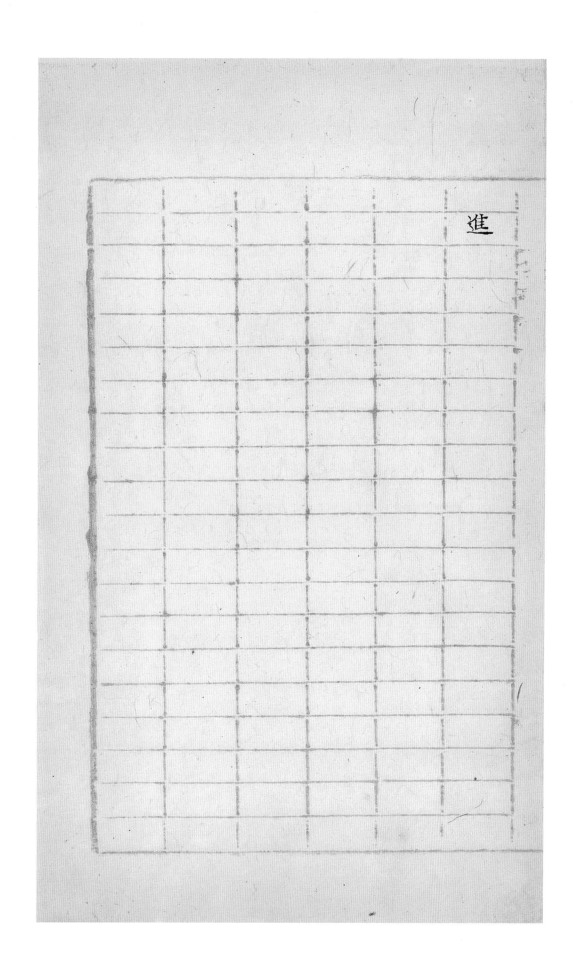

奏為欽奉

諭旨恭摺覆奏事竊臣等於八月初七日承准尚書

額駙公福字寄內開乾隆四十六年八月初

三日奉

上諭全叙欽此臣等跪讀之下仰見

聖主宵旰焦劳隨時隨處廑念之至意伏念曲家樓
漫溢之水分注河湖攸関運道必須流行迅疾
毫無阻滯庶水急沙行免致停淤而漫水経由
之處来源去路更須查探明確 臣等前
奏未能詳悉陳明以致上煩
睿慮寔深惶悚查北一路河坡水道前此黄水甫到

之時由沙河趙王河入運即由東岸滚水閘壩
洩入大清河歸海臣韓誠恐一時宣洩不及
是以擬將閘壩左近堤埝開放一處使其暢流
歸海今隨時察探滚水閘壩分洩甚暢未経停
淤于運道無碍所有前奏左近堤埝此時毋庸
挖放其南一路河湖水道前此黄水先由南陽

昭陽二湖之東串入運河繼因清水旺盛改由
二湖之西沿邊繞至沛縣豐縣一帶歸微山湖
尾閭之藺家山總滙處入荊山橋至江南邳宿
運河下注中河出楊家庄口門仍入黃河歸海
臣李　于奉
命赴豫時查探江境邳宿運河水勢較閏五月盛漲

時已消五尺餘寸宿遷駱馬湖水已消一丈餘
寸江境河湖之水已小上游微湖来水儘可容
納於運道亦無妨碍第數日來江境運河水勢加
長若何臣等未便懸揣籌議七月二十九日仰
蒙
諭旨飭交督臣薩　隨時隨地察看來水大小情形

酌量辦理所有微湖下游入運分洩去路如盧
口壩刘老澗王柳二閘等處究應作何辦理之
處似應聽薩 相机
奏請酌辦即撫臣國 所奏酌撥粮舡掛用混江
龍疏浚淤沙之處現在國 遵
旨回東办理宣洩事宜自必妥協督办不致貽悞至

青龍崗堵築壩工及正河内佑挑引河情形業
經臣等會勘籌議于初五日繪圖貼説會摺奏
請
聖訓在案目下臣等惟有督率在工文武各員一面
將引河上緊挑挖一面將大壩二壩晝夜儹築
臣富　賫催各料齊集應手務各寔心寔力

迅速赶办以冀及早合龍仰慰
聖懷所有臣等欽奉
諭旨理合恭摺由驲覆
奏伏乞
皇上聖鑒謹
奏

乾隆四十六年八月初八日亥時在儀工由五

百里遞

進

四十二　奏为赶办坝台厢筑赶紧进占及挑引河日期折

乾隆四十六年八月十二日

奏為埧台廂築堅寔趕緊進占並與挑引河日期

仰祈

聖鑒事竊照青龍崗應堵埧工築做埧台及估挑引

河情形業經臣等會勘籌議繪圖貼說于本月

初五日恭摺奏

聞在案拜摺後 臣等即将埧台赶緊築做挑槽廂護
日来大埧二埧埧台四座各做長二三十丈不
等一律分築堅寔完竣現在分手赶緊儹办東
埧泒委候補守備都司銜張位帶領備弁等軟
廂進占西埧泒委革職遊擊韓勝帶領備弁等
軟廂進占副将李永吉總掌東西兩埧工程並

應飭河北道朱岐督同懷慶府知府王高柱經
管東垻一切夫料錢粮開歸道席蓑督同署衛
輝府知府陳文緯經管西垻一切夫料錢粮臣
等晝夜駐工嚴催督办每進一占務令追壓到
底外廂邊埽築做堅寔以次前進一面將引河
挑挖寬深使其勢若建瓴黃水去路暢達庶垻

工不致着重合龍易得迅速今查應挑引河自
孔家庄至茶華寺三千六百餘丈逐細確估口
寬五十丈及十八丈不等深一丈五六尺其上
游自青龍崗起至孔家庄止二千八百丈河身
尚未淤墊止須挑深五六尺足資容納其下游
茶華寺至楊家堂止一千五百三十丈間段淤

墊挑空引渠口寬十八丈深一丈六尺統計估土一百六十八萬六千九百餘方以上挑工分為四段內除東省委兖沂曹道張永貴帶夫來豫幫挑一段外豫省分挑三段飭委彰德府知府盧崧河南府知府萬寧南陽府知府恩長各分一段督率派委之各州縣承挑並令南汝光

道王麗總司其事于初十日興工開挑其正河
至江境河身淤淺處所疏濬尚易即令沿河州
縣雇撥民夫間段抽溝俾得通暢臣等仍往來
查催併嚴切曉諭在工員弁此次北岸漫口關
係重大上廑
宸衷夙夜焦勞懸切蕆事尤當迅速如稍有延緩即

嚴叅懲治茲仰賴

聖主福庇天氣晴爽水勢漸消漫口溜勢較前稍緩

人夫物料亦俱源源到工臣等惟有盡心竭力

督率在工人員加緊趕办以期早得合龍仰慰

聖懷所有廂築埧台趕緊進占並引河與工日期理

合會摺由驛具

奏伏祈
皇上睿鑒謹
奏
乾隆四十六年八月十二日拜
進

四十三　奏为酌展引河情形折及朱批

乾隆四十六年八月十七日

奏為遵
旨酌展引河情形仰祈
聖鑒事竊臣等于本月十四日承准尚書額駙公福
字寄内開乾隆四十六年八月初十日奉
上諭全敘欽此臣等跪讀

諭旨并恭閲圖内

硃筆圈點標記處所仰見

皇上至聖至明諄切

訓戒無處不周伏查青龍起崗至孔家庄止正河共長

二千八百丈因河身未甚淤墊估挑引河深五

六尺足資容納緣由 臣等已于十二日

奏報與挑摺內陳明在案今蒙
垂訓勅令一律加展寬深處開放時全溜盡入引河
暢流直注方於堵築合龍有益　臣等遵即會同
復加查勘誠如
聖諭挑挖引河原為引歸大溜其放溜處寬深且長
自更有益隨督飭道將等將該處河身內原估

挑口寬四十丈者一律加展十丈共寬五十丈
尾段原估挑寬二十丈者一律加展六丈共寬
二十六丈形勢較前益加暢順寔于堤工有裨
其挑深尺寸原照上下河底建瓴形勢核估較
定似無庸再爲加深其孔家庄以下至荣華寺
一帶長三千六百餘丈淤與老灘相平估挑口

寬五十丈及十八丈不等深一丈五六尺不等
又榮華寺至楊家堂止間段淤墊估挑引渠長
一千五百三十丈口寬十八丈深至一丈以外
並于前
奏陳明統計引河共有七千九百餘丈已属綿長
去路可無阻滞謹于原圖内詳悉貼說恭呈

御
覽至青龍岡大垻二垻連日進占晝夜上緊趕辦
各做長二十餘丈上首挑水垻亦做長十有餘
丈層層廂壓務期一律堅寔于迅速之中仍慎
是此為最要
重料理不敢稍有草率再黄水經由之處東省
最為着重今南北兩股分流漸次平定于運道
已屬無碍至江南運河雖地處下游而伏汛長

水先已消退臣李　　抵豫後又行據淮徐道
何裕城稟報東省微山湖下注之水流至邳州
宿遷一帶迅速遄行隨長隨消所增無多水色
澄清于回空漕舡更無妨碍寔可仰慰
聖懷所有遵
旨酌展引河情形理合恭摺由驛覆

奏伏乞
皇上聖鑒謹
奏
乾隆四十六年八月十七日未時拜
進本月二十七日奉到
硃批覽奏畧慰餘有旨諭欽此

四十四　奏为查勘祥符八堡大坝补筑情形折及朱批

乾隆四十六年八月十七日

奏為查勘祥符八堡大壩補築完固仰祈
聖鑒事竊照祥符縣八堡七月初五日漫水刷坍大
堤一段大壩蟄陷三處新舊圈堤及新庄大壩
均有漫塌經臣等督率道府廳縣並委員先將
大壩圈堤分投堵合嗣因具報儀封北岸漫口

臣等先後馳往北岸查辦所有應補大堤交藩
司李承鄴開歸道席裳就近督辦業經
奏明在案嗣據該司道督率各員將八堡大壩刷
坍缺口堵築一律完竣具報前來茲臣等將北
岸一切事宜辦有頭緒隨親往查勘各工堅寔
足資鞏固除飭司道將所用銀兩核明遵照臣

等情
奏分别摊赔归款外所有查勘祥符八堡工段完
固缘由理合恭摺具
奏伏乞
皇上睿鉴谨
奏

乾隆四十六年八月十七日未時拜

進八月二十七日奉到

硃批知道了欽此

四十五　奏为赶筑坝工挑挖引河情形折及朱批

乾隆四十六年八月十九日

奏為欽奉

諭旨恭摺覆奏仰祈

聖鑒事竊臣等于八月初八日

奏覆河湖水勢情形及趕辦壩工緣由一摺本月

十八日奉到

硃批覽欽此于摺内未便懸揣籌議句上奏

硃批今日據薩　奏尚未大長欽此又于及早合龍

句上奏

硃批約于何日可合龍速奏来欽此同日承准尚書

額駙公福　字寄内開乾隆四十六年八月十

四日奉

上諭此次豫省北岸漫口云云以期迅速集事等因

欽此臣等跪讀之下仰見

皇上厪念河湖務期要工速竣之至意伏查微山一

湖爲東省收蓄濟運之水柜洵關緊要第黄水

經由之路有遠近遲速之分如微山湖逼近漫

口則黄水直注即水急沙行河底亦不能逸于

受淤今曲家楼距微山湖有数百餘里之遥地
勢平衍迤邐流至南陽昭陽微山等湖正因去
路迂緩水已漸次澄清且黄水前因湖水旺盛
抵禦黄流即從各湖之西沿邊由蔺家山垻下
達江境是微山湖内黄水不能直注則浮沙自
少存積至東省河湖水勢既大何以下游江境

運河不見盛漲之故臣等先准兩江督臣薩
咨會江南邳宿運河伏汛長水先已消落目下
楊庄盐閘等處去路甚暢流行迅疾来水易消
是以湖口閘伊家河荆山橋河三處下注之水
江境運河不見盛漲至于微山湖内今年存水
本大七月至今曲家楼漫下黄水又經滙入實

以愈形其大今江境蘭家山壩復經展寬分洩
下注自更暢達且賴湖面甚寬積長無多又時
近霜降河水日縮往後有消無長大勢已定湖
内似無虞再有湧漲之患回空漕船引導前行
並無妨碍此微山湖現在之情形也伏思黄水下
注江境現雖暢利而堵截來源尤當乘机赶辦

誠如
聖諭堵築漫口為目今第一要務查青龍崗大壩二
壩壩台挑槽廂護各做長二三十丈一律夯築
堅寔完竣即於十二日軟廂進占數日來各長
二十餘丈上首挑水壩亦做長十餘丈其青龍
崗起至孔家庄引河兩頭遵

旨一律展寬分段興挑緣由業於本月十二十七等
日先後
奏報在案查青龍崗口門寬二百四十餘丈大溜
湧激之處約寬一百餘丈其餘溜勢平緩今兩
堤共已軟廂五十餘丈尚有九十餘丈可以軟
廂前進晝夜儹趕約九月初旬可以廂至深水

之處中間存寬一百餘丈之口門水深溜急必
須捲埽前進每日兩壩以各進一埽而計連邊
埽可得三丈總計核筭連二壩同時並進共須
一月以外但壩工合龍須俟引河挑竣使水有
去路庶壩工不敢着重易于堵合查引河四段
共長七千九百餘丈原限五十餘日挑完已在

十月初間其時大壩口門約存十餘丈一面酌
放引河一面趕緊合龍約在十月二十日前後
臣等惟有督率在工文武員弁盡心竭力儹挑
引河趕築壩工總期早竣一日即早一日仰慰
聖懷斷不敢稍有懈忽遲悞所有臣等欽奉
諭旨垂詢理合恭摺覆

奏伏乞
皇上聖鑒謹
奏
乾隆四十六年八月十九日午刻在儀工由
百里遞
進玖月初一日奉到

硃批覽奏稍慰勉力慎重爲之以期一舉成功欽此

四十六　奏为筑坝合龙日期折及朱批

乾隆四十六年八月二十三日

奏爲欽奉
諭旨恭摺復奏事竊臣等於本月十二日會
奏堵台廂築堅寔赶緊進占并興挑引河日期一
摺於二十一日奉到
硃批覽奏俱悉一切勉爲之欽此於摺内使其勢若

建瓴句上奉
硃批好欽此又於漫口溜勢較前稍緩句上奉
硃批幸欽此又於以期早得合龍句上奉
硃批是究於何日合龍欽此並准尚書額駙公福
字寄内閣乾隆四十六年八月十九日奉
上諭豫省北岸黄水漫溢即使運河無礙或淤沙尚

輕其黃水滲灌之微山湖湖底必有沙泥停積屢
經降旨詢問謹
國
令其查明據實復奏乃節
次謹
等奏到摺內並未將實在情形詳悉聲復
甚爲廑念本日李
等奏稱一面督夫率役進
埽一面將引河挑挖寬深使其勢若建瓴黃水去
路暢達庶填工不致着重合龍易得迅速等語所

辦好至所稱漫口溜勢比前稍緩人夫物料亦源
源到工現在督率在工人員加緊赶辦是目今第
一緊要之務現在每日進埽若干約筭何日可以
竣事卽着李　等據實先行復奏等因欽此臣
等正在繕摺復
奏間於二十三日復准

廷寄八月十八十九日兩奉

上諭黃水漫溢所慮在運河河身及微山等湖淤墊

前已節次傳諭詢問薩　國　等令其詳悉確查

據寔復奏至漫水來源總由豫省其缺日一日不

堵則江南山東兩省河湖多受一日之累著再傳

諭李　等務即督飭所屬寔力趕緊合龍究于

何日可以竣事之處先行具摺奏聞以慰朕夙夜

盼望之意各等因欽此臣等跪誦再四益仰我

皇上明並日月念切要工諄諄

訓勉至詳且悉伏查微山湖內清水旺盛黃水不能

直注浮沙自少存積及青龍岡以下正河內所

估引河分段趕挑并青龍岡兩壩軟廂五十餘

六十二

丈高有九十餘丈可以軟廂前進中間存寬一
百餘丈口門必須捲埽連邊埽二壩統計核算
約于十月二十日前後可以合龍緣由業經臣
等于本月十九日會摺由驛奏
聞在案查引河分投開挑工長土多現俱加夫儹办
務期依限完竣壩工晝夜赶築兩壩各又築長

十三四丈連前已共做成七十餘丈二埧挑水
埧亦跟廂前進口門淌勢如常但埧工一日不
竣則兩省水患一日不除臣等屢奉
諭旨垂詢寔深焦急寢食难安惟有遵
旨寔心寔力督飭藩司李承鄴道員朱岐張永貴席
長王麗張有年等多添人夫廣集料物儹挑引

河赶築塡工俾得及早蕆事以冀早慰
聖主夙夜憂勤至意所有欽奉
諭旨理合一併會摺由驛復
奏伏乞
皇上聖鑒謹
奏

乾隆四十六年八月二十三日亥刻儀工由六

百里遞

進九月初三日奉到

硃批昨據所奏微山湖運河不致甚淤畧慰矣所稱

十月二十間可合龍口若能再早數日更佳勉之

欽此

四十七　奏为青龙岗坝工及挑挖引河情形折及朱批

乾隆四十六年九月初一日

奏爲青龍岡壩工儹辦情形及引河挑成分数仰

祇

聖鑒事竊臣等于八月十七日會

奏遵

旨酌展引河情形一摺於本月二十七日奉到

硃批覽奏畧慰餘有旨諭欽此摺内于迅速之中仍
慎重料理句上奏
硃批是此爲最要欽此同日承准尚書額駙公福
字寄内閣乾隆四十六年八月二十三日奉
上諭青龍岡埧工究于何時始能合龍朕心深爲廑
念著傳諭李奉翰等一面奏聞至所稱上首挑水

埧做長十有餘丈因閱圖內此處埧身必須再行
加長則挑淤更爲有力且水勢南趨此處門口便
成廻淤之勢將来引歸正河合龍自易並著李奉
翰等酌量辦理並將引河開挑寛深現已施工幾
分之處即行覆奏欽此正在查明繕摺間接到臣
等八月十九日

奏覆埧工約于十月二十日前後合龍一摺奉到

硃批覽奏稍慰勉力慎重爲之以期一舉成功欽此

仰見我

皇上宵旰勤求接圖定勢指日成功

訓勉諄諄至詳至慎臣等謹將圖内

硃筆指示處所悉心審度益知有所遵循伏查青龍

岡漫口上首前于灘嘴迎溜之處築做挑水壩
工原期溜勢未到口門挑向南趋誠如
聖諭壩身必須加長則挑溜更爲得力惟目下黄河
大溜全趋漫口　臣等公同商酌并與道將等再
四講求該處挑水壩工擬俟大壩二壩口門築
存三四十丈引河挑至七八九分將次啓放時

即將挑水壩併力趕辦欽遵
諭旨接築加長使溜勢逼往南趨直注正河暢行通
達則大壩二壩口門即成迴溜之勢不致著重
自必易于合龍至漫口以下所挑引河共長七
千九百餘丈計土一百六十七萬餘方工程浩
大人夫衆多臣等督催儹趕統計合算興工以

采已挑有三分成數其大壩二壩工程每進一
占必令追壓到底料土加足即令跟廂邊埽前
占穩寔接進後占既不使滲草虛鬆尤不使遲
延停待兩壩共計已軟廂九十餘丈臣等惟有
督率道將等妥經慎理留心稽察獎勤懲惰竭
力儹催務期早一日合龍即早一日上慰

天心断不敢稍有草率因循致增
宸衷懸注所有青龍岡堤工價辦情形及引河挑成
分数謹會摺復
奏奉到原圖一并恭繳伏乞
皇上聖鑒謹
奏

乾隆四十六年九月初一日酉刻四百里遞

進九月十三日奉到

硃批一切勉爲之阿桂亦奏起身往上所冀爾等和

衷共濟速成合龍以慰懸切欽此

奏爲青龍岡漫工赶辦情形仰祈
聖鑒事竊臣等于八月二十三日
奏復青龍岡壩工已約于十月貳十日前後合龍
緣由一摺奉到
硃批昨據所奏微山湖運河不致甚淤畧慰矣所稱

十月二十間可合龍口若能再早數日更佳勉之
欽此臣等跪讀
聖訓益仰我
皇上念切要工速期妥竣之至意伏查青龍岡漫口
大壩二壩同時並築現在水深一丈二三尺至
二丈三四尺不等溜勢如常晝夜軟廂進占層

層追壓將來口門漸次收窄必使水有去路庶
湍勢稍緩不致冲刷過深是欲大壩之早完必
須引河之早竣按工定限計日論工自可併力
儧辦赶早速成查引河自青龍岡起至楊家堂
一帶計程四十餘里量長七千九百餘丈分爲
四段以水面較灘面之高低以定挑挖之淺深

使成建瓴形勢其淤之少者挑深五六七尺淤
之多者挑深一丈五六尺第一段在于河形内
挑挖較第二三段矮有七八尺及一丈不等已
挑有五分之數其第二三段上係乾土下係嫩
沙辦理稍難止挑成三分半數其第四段較二
三兩段矮三四尺間有河形易于挑濬已挑成

四分半數統計合算工程未及五分臣等甚爲
焦急現又加添人夫裒多益寡通力合作責成
各道輪流往来督同各府厎催承辦各員上緊
挑挖日起有功不使稍遺餘力其青龍岡大壩
二壩各又軟厢二十餘丈連前共已做成一百
一十餘丈在工文武員弁均屬奮勉趋公雖月

初以来時遇風雨而引河填工揔未停待臣等
仰遵
諭旨分投竭力督催設法儹辦務期引河赶早挑完
填工赶早堵合以仰副
聖主諄諄訓勉之
鴻慈所有青龍岡漫工赶辦情形謹合詞恭摺由驛

復
奏伏乞
皇上睿鑒謹
奏

乾隆四十六年九月初七日午刻由儀工五百
里遞九月十六日奉到

硃批览奏俱悉勉力妥为之钦此

四十九　复奏青龙岗坝工及堵塞情形折及朱批

乾隆四十六年九月十五日

奏為欽奉

諭旨恭摺復奏仰祈

聖鑒事竊臣等于九月初一日

奏報青龍崗壩工儹辦情形及引河挑成分数一

摺本月十三日奉到

硃批一切勉為之阿　亦奏起身往工所矣尔等和
衷共濟速成合龍以慰懸切欽此摺內于併力趕
辦句上奉
硃批是欽此　臣等跪讀之下益仰
聖主念切要工再三
訓勉以期及早速成至意查青龍崗堤工自初七日

七十四

具

奏以來連日天氣晴明人夫踴躍料物輻輳雲集埧工又各進占二十餘丈連前共做長一百三十餘丈迎溜越做埧工更為得勢查丈口門尚寬一百一十一丈雖黃水時消時長東西兩埧將次厢至水深處所而溜勢如常尚可軟厢前

進其已做之埧工边埽隨時加廂層〻追壓一律
稳固至引河工段綿長各段口底寬深不一臣
等督令先將引河中間抽挑高深如式再將兩
旁照估挑寬以符原定丈尺使一律先有河槽
上下通連如遇陰雨積水即可順槽而下現在
統計已有六分之数伏念該工自興築以来仰

四十五

蒙
皇上知炳機先詳明訓示臣等得以遵循趕办今兩
垻愈收愈窄工程正當緊要之時臣等倍深敬
懼恭奉
硃批垂示阿　已起身來豫即日到工凡堵塞事宜
臣等淂以詳加商確更于要工有裨臣等惟有

同心協力督率在工文武員弁慎重儹办務期
赶早合龍以慰
宸衷懸切所有欽奉
諭旨訓勉理合恭摺復
奏伏乞
皇上睿鑒謹

奏

乾隆四十六年九月十五日申時拜

進二十四日奉到

硃批知道了欽此

五十六

五十　奏为阴雨不止致引河稀淤情形折及朱批

乾隆四十六年九月二十三日

七十九

會銜

奏查大埧東西埽工軟廂進占共做長一百八十餘丈業經具摺

奏明在案兩日以来又各出占做長数丈惟自二十日未刻起至今陰雨不止雖東西埧工飭令加廂土培填壓边埽並未暫停而引河俱成稀

硃

淤水中不能用力未免畧遲一俟天色晴霽即

冬日不過陰雨一兩日想即晴霽矣欽此

督催加緊趲挑以期速竣理合將現在情形附

摺奏

聞謹

奏

九月廿三日拜發

硃批覽

十月初二日奉到

五十一　奏为谢赐哈密瓜折

乾隆四十六年十月初一日

奏為恭謝

天恩事竊　臣阿　接到由駟遞用奏事報匣外蒙

恩賞　臣等哈密瓜兩圓當即望

闕叩頭敬謹祗領訖伏念　臣等堵築漫上尚未合龍

歲事上紓

睿慮乃蒙
恩慈垂注
賞賚優沾拜賜之餘彌深感激理合繕摺恭謝
天恩伏祈
慈鑒謹
奏

七十八

乾隆四十六年十月初一日工次由駟遞

進

乾隆四十六年十月初一日

奏為堵築漫工情形仰
睿鑒事竊照臣阿　到工後即将青龍崗東西大壩
軟廂丈尺並儧挑引河工程分数恭摺奏蒙
聖鑒於九月二十九日奉到
硃批祗期工次堅固一舉而成雖遲数日何妨勉為

之欽此仰見我

皇上慎重要工訓勉周詳至意查東西兩埧軟廂進

占数日以來東埧共又做長一百十八丈西埧

共做長九十餘丈口門存寬七十餘丈察看水

勢口門上下較前漸有高低尚不甚湍急可以

仍前進占軟廂至口門收窄水深溜急時再行

捲埽前進上首挑水埧現已做長六十丈所有埧工俱飭令加廂土坯填壓邊埽以期歲歲穩固至引河必須有吸川之勢始可望其掣動大溜而此次引河太長尤須寬展方與開放有益查第一段自青龍崗至孔家庄長一千八百丈河身未甚淤墊原估丈尺足資容納至第二段

自孔家庄以下至榮華寺一帶長三千六百餘丈淤與老灘相平又第三段自榮華寺至楊家堂一千五百餘丈亦多淤墊逐段察看内有数段原估丈尺尚覺稍窄且其中新淤與灘地相間難望其立即冲刷寬濶一段有阻恐開放時不能十分順暢自應一律再加展寬以期暢流

直注計算添估土方亦屬無多可與各段同時
告竣不至因此遲延隨督飭道府等將該數段
原估口寬二十二丈至二十六丈者加寬六丈
深五尺原估口寬十九丈二十丈者加寬八丈
十丈深六七尺不等形勢較前益加暢順實於
埧工有裨惟是現在廂築埽工口門漸次次窄

必使水有去路始不至冲刷過深是欲大埧之
速成必須引河之早竣從前計日論工按工定
限原期五十餘日挑完自八月初十日興工迄
今已将限滿統計開挑引河工程牽算尚止七
分雖因九月上旬及二十一二等日連日陰雨
難以施工未免稍遲臣
等寔深急迫現又嚴飭

八十三

各道府督催承辦工員加添人夫上緊挑挖勒
限十月初十以前一律如式完竣如有逾限不
完及草率偷減情弊即將承辦之員及該管道
府等嚴參重處　臣阿　不時派軍机司員往來
抽查督催　臣李　等竭力設法儹辦務期引河
趕緊挑完垻工一舉堵合以仰慰

聖心屢注所有近日堵築漫工情形謹恭摺具

奏伏乞

皇上睿鑒謹

奏　乾隆肆拾陸年拾月初壹日工次由馹遞

進

奏爲欽奉
上諭恭摺覆奏事臣等接准尚書額駙公福　字
寄内開乾隆四十六年九月二十九日奉
上諭前歲豫省堵築儀封十堡漫口被時因西北東
北風緊溜勢頂衝口門刷深致合龍屢稽時日等

因欽此臣等跪讀之下仰見
皇上至聖至明於數千里外情形燭照洞悉無微不
到伏查前此堵築儀封南岸漫口每遇北風逼
溜衝刷口門以致屢稽堵合此次曲家樓漫工
係屬北岸若遇東北風將水勢吹向南趨既不
致頂衝口門而西北風又將大溜吹送引河頭

可以乘機開放誠如

聖諭於埧工甚爲有益現在小春應候天色晴和尚間有南風至二十以後將届合龍時已交十一月節自必西北風多實屬極好机會再東西兩埧連日以来軟廂進占又做長十餘丈連前共做長二百餘丈口門存寬六十餘丈察看埧前

水势不至十分湍急仍可軟廂前進每日可做三四五丈不等至口門存寬三四十丈不能軟廂時每日兩壩以各進一埽而計連邊埽可淂二丈四五尺約計合龍之期總在二十五日前後至引河最關緊要臣等不時親往勘查飭令承辦各員加夫挑挖務令依限完竣以備開放

掣溜現俱晝夜上緊趕辦總期於迅速之中加
意慎重庶望一舉蕆工早一日合龍即下游各
州縣早得一日之益以仰慰
聖心宵旰懸注所有接奉
諭旨及現辦埧工緣由謹恭摺覆
奏伏乞

皇上睿鑒謹
奏
乾隆四十六年十月初五日儀工由駟遞
進本月十二日工次由駟奉到
硃批覽奏俱悉欽此

五十四　奏为谢赐奶饼并近日办理漫工情形折

乾隆四十六年十月初十日

奏為恭謝

天恩事本日接到由驛遞回奏事報匣外蒙

恩賞　臣

苻奶餅二匣當即望

闕叩頭敬謹祗領訖伏念　臣

苻堵築漫工尚未合龍

蕆事上紓

睿慮乃蒙
聖慈垂念
恩賜尚方珍品祗領之下感激倍深為此繕摺恭謝
天恩伏祈
慈鑒謹
奏

奏爲奏
聞事竊臣等於本月初五日將現辦垻工及儹挑引
河各緣由具摺奏蒙
聖鑒在案数日以來兩垻軟廂進占東垻共做長一
百二十餘丈西垻共做長一百零八丈口門止

存寬四十餘丈溜勢日見湍急而西埧尤較為着重捆廂舡隻不能存住難以進占因令加廂土坯增長埧台一律穩固今始於初十日下埽起每下一埽務令層土層柴追壓到底然後再下第二埽東埧埧前溜勢較西埧稍覺平緩兩日内仍前軟廂数占現亦水深溜急舡隻不能

存住因趕緊廂壓土坯俟埧台一律增長時並
郎捲掃前進其挑水埧連前共做長七十八丈
大溜已漸掃至引河頭势甚順利至引河各段
臣阿　派軍機司員絡繹往来查催臣李
等復輪流往勘飭令承辦各州縣加添人夫上
緊儹挑前因陰雨遲悞之工今已陸續報竣臣

等現在逐段親臨驗收俟口門收窄蓄高水勢約二十前後即可相幾開放掣涵臣等惟有慎重妥辦以期一舉蕆事仰副

皇上亟拯災黎之至意所有近日辦理漫工情形謹

恭摺具

奏伏乞

皇上睿鑒謹
奏
乾隆四十六年十月初十日拜
進

五十五　奏为西坝坝头蛰塌及坝工处理情形折

乾隆四十六年十月十五日

奏爲奏
聞事竊　臣等於本月初十日将現辦垻工及西垻進
埽緣由恭摺具
奏在案查此次堵築漫工東西兩垻共做長二百
二十餘丈口門存寛四十餘丈而西垻水深不

過二丈東埧水深止有丈餘河底並未刷深臣
等雖私心慶幸原恐口門收窄溜勢湍急不無
衝刷之虞時時督率在工員弁加廂土坯填壓
邊埽期無疎失至口門寬五十餘丈時水勢漸
急將二埧下全河刷成陡坎兩層初距口門尚
遠数日以来愈近愈猛初十日夜跌過二埧十

一日卯刻即跌過大埧口門復不向上流迤跌轉向口門兩旁沿埧根跌深三丈湧激異常直刷埧根埧工立見行蛰 臣等晝夜在埧督飭將備趕緊廂壓東埧幸而無事西埧上水埧根已被搜刷懸空随廂随蛰搶至十二日巳刻埧頭向上水陡陷長三十丈五尺雖係人力所不能

施而　臣等目擊情形寔深憂悸現在趕做裹頭
護住埧身並於上水冲去邊埽之處搶下護埽
一個又鑲一埽以抵禦溜势保護埧根不使再
有刷塌至塌去埧底高低不平下埽難以穩貼
現已趕緊加力收拾俟衝刷稍净仍於原處軟
廂進占東埧雖堅固無虞亦令一律加廂土坯

增長堤台加意慎重再西堤水深雖已至三丈
數尺而用篙探驗土性仍係膠結似不致衝刷
過深且跌坎日內漸覺移上撥根之力漸微尚
易備辦但口門仍寬七十餘丈即上緊施工月
內似不能竣事而運道民生所繫綦重復致多煩
聖心
廑注臣等憂慚悚惧更竟夢寐难安惟有倍加

小心督率在工員弁設法趕辦以冀速卽蕆工

所有堤頭蟄塌及現在辦理情形謹繕摺奏

聞伏乞

皇上睿鑒謹

奏

十月十五日拜發

五十六 奏为近日办理漫工情形折

乾隆四十六年十月二十日

奏爲奏

聞事竊臣等于本月十五日將西壩壩頭蟄陷及現

在辦理情形恭摺奏蒙

聖鑒在案數日以來臣等督率在工員弁晝夜趕辦一

一面於西壩上水迎溜處補做边埽廂壓穩寔

保護埧根一面將埧頭塌陷處所拆卸收拾淨
盡已自十九日起即於原處軟廂前進東埧又
進數占連前共做長一百三十餘丈目埧前上
水止深一丈下水深至三丈四五尺恐有撲刷
之虞復於埧外下水幫做戧埧一層以資保護
跌坎日內漸覓移上游勢亦稍平緩挑水埧連

前做長八十餘丈挑溜甚爲得力至引河各段
均已依限報竣 臣等因現在又有數日之暇於
原估丈尺外復逐段測量比較有地勢稍高之
處卽令承辦各員加工挑挖一律抽溝務使逐
段就下以備屆時開放掣溜其兩埧埧工 臣等
督率員弁加意慎重於昕夕趕辦之中仍求並

步稳固以期妥速蕆工所有近日辦理漫工情
形謹恭摺具
奏伏乞
皇上睿鑒謹
奏
乾隆四十六年十月二十日拜發

五十七　覆奏西坝坝头蛰陷处修复及东坝进占情形折

乾隆四十六年十月下旬

奏為欽奉
上諭恭摺覆奏事臣等接准尚書額駙公福　字
寄内開乾隆四十六年十月二十日奉
上諭阿　等奏初十十一等日因壩工口門收窄溜
勢湍急跌過二壩大壩轉向口門兩旁沿壩根跌

深三丈有餘等因欽此　臣等跪讀之下仰見
皇上廑念要工諄切訓勉至意查西壩壩頭蟄陷處
收拾淨盡於十九日起軟廂前進及東壩進占
情形業經恭摺具
奏在案　臣等連日督率在工員弁晝夜趕辦其西
壩塌陷處已補廂十餘丈上水迎溜邊埽亦俱

補做齊全廂壓堅穩埧根鞏固無虞搜刷東埧
間日進占緣埧前水深数丈每進一占約長二
丈四五尺并力廂壓必須廂至十六七坯追壓
兩晝夜方能到底穩固堅定計東埧再進四占
廂長埧工十餘丈為期已至十一月初二三被
時西埧亦可軟廂復舊口門漸就窄小不過存

十数丈應即於両壩齊進埽個俟水勢日蓄日
高相机開放引河掣溜匏期堵合至此次大溜
曰挑水壩挑向東南引河未開復折而至西沿
西壩壩根跌坎流出口門是以西壩着重致有
蟄陷之事原未分作両股現在跌坎日漸移上
頭層已跌過挑水壩二層亦距西壩有五六十

丈壩根溜勢漸覺平緩至挑水壩係由大壩之西築做挑溜向東南歸入引河此次蟄陷處係西壩東頭挑水壩東北總之堵築漫口水勢変遷原難預料而現在物料應手水力日綿臣等惟有恪遵

訓示不敢稍存大意竭盡心力倍加慎重以期鞏固

藏工就現在情形而論似尚不致重煩
聖心屢注所有接奉
諭旨並近日辦理緣由謹恭摺覆
奏並繪圖貼說敬呈
御覽伏乞
皇上睿鑒謹

奏

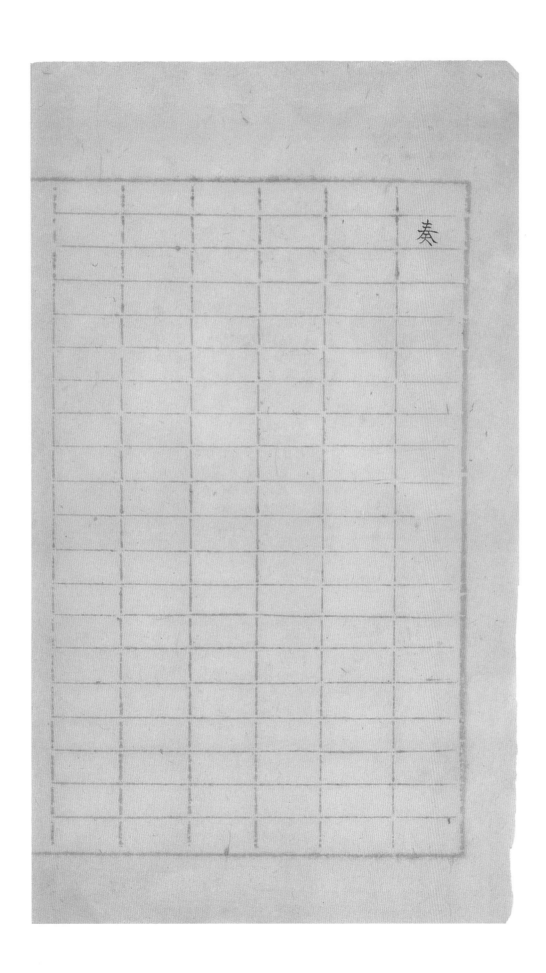

奏為奏

聞事竊　臣等於三月二十五日将垻工堵合復開及

酌議再辦緣由恭摺具

奏在案數日以來　臣等督率在工員弁将東西垻

頭即日搶廂趕緊裹住垻頭後戗陷處所連日

增高培築重土盤壓堅寔察看口門溜勢湍急
捆廂舡隻不能存住難以進占西埧已於本月
初一日先下一埽層層追壓将次到底東埧現
在盤壓埧臺亦即於日内捲進埽箇並於東埧
邊埽外又廂一層邊埽以為重重保護至金門
内用数丈長竿駕舡測量埽底猶屹然存立是

以堤前不但蓄水未消連日引河又節次長水
数寸較之上次合龍前長水情形似屬善機現
口門存寬十丈以內工程無多計堵合之期不
過在本月初十邊 臣等於堤工有無受病之處
悉心体貼細意推求凡思慮所及無不竭力籌
辦先事周防但叠經變故心胆已怯幾於草木

二

督兵一至金門收窄則憂惶恐悸更不能一刻
暫釋俟兩垻續進埽箇將水逼起引河大暢另
行奏
聞所有近日辦理情形謹恭摺具
奏伏乞
皇上睿鑒謹

奏

四月初二日拜發

三

五十九　覆奏青龙岗挂揽堵合坝头又复蛰陷等事情形折

乾隆四十七年四月初六日

奏為欽奉
上諭恭摺覆奏事竊臣等於本月初三日接准尚書
額駙公福　字寄內開乾隆四十七年三月
二十九日奉
上諭阿　等奏青龍崗堤工於二十三日掛纜堵合

二十五日埧頭又復蟄陷共冲塌十四五丈等
因欽此初四日又奉
上諭昨據阿　等奏青龍崗埧工於三月二十三日
掛纜堵合後二十五日埧頭又復蟄陷共冲塌
十四五丈等因欽此臣等跪讀之下惶懼慙惕
無地可容伏念臣等奉

二

命督辦漫口屡築屡冲上增
宵旰焦劳至於癈寝皆 臣 等無能所致負疚積愆至
斯已極寔無可以自解乃蒙
皇上僅傳旨申飭悚惶愈切感激彌深查此次垻工
自改築以來東垻於攔水垻處所建築垻基向
西廂進占埽共做長垻工四十餘丈西垻將挑

水埧廂寬加厚向東廂進占埽共做長埧工五
十餘丈並仰遵
訓示於兜水埧後身加廂寬厚防風以為東埧後障
東西兩埧俱於上水廂築邊埽東埧下水又築
做戧埧一層以資重重保護凡思慮所及於埧
工絲毫有益之處即上緊赶辦不惜工力期於

分外堅實是以前次兩垻垻頭向前衍蟄三丈
二尺高之垻台塌陷入水垻身雖有裂縫數處
尚屹然不動上水邊埽亦未冲失現已將垻身
雉陷處增高培築重土盤壓一律平整堅寔西
垻于初一日所下埽箇業已追壓到底東垻于
初四日捲下一埽入水甚屬平稳引河亦漸流

行並多方設法將廢壞鐵錨等物拋擲金門一
帶以期萬一有效前因于原舊處施工進做是
以未經繪圖呈進茲欽遵

諭旨將現在情形繪圖貼說恭呈
御覽至堵築漫工惟當竭盡人力原不可專賴
神助　臣阿　等疊經變故斷不敢稍存怨尤惟有所

夕虔禱時時敬凛不但改築與工即每逢合龍
之前必公同致祭
河神虔申禱告且于堤工設立
神牌朝夕焚香籲叩
神靈仰祈
默佑至做工將偹等廂築穩固是其專責屡次蟄失

咎本难辞原應參處然察看伊等每經一次变
故之後無不人人惴恐倍加小心工作未至吃
緊一晝夜間尚有二三時稍休一至口門收窄
則日夜不停加廂赶辦實不敢片刻懈弛是以
每次堵工失事後如李永吉等幸未隨埽冲去
無不鳩形鵠面神困力疲情景本可矜憫且重

五

築堤工仍須伊等辦理不得不暫緩叅處觀其
後效但此次若再不成既無善地可以另行改
築而需用料物如蔴觔一項現在即已搜羅殆盡
定形竭蹶秫楷亦僅敷此次之用斷不能再為
設法籌辦而大汛將臨更無可希倖惟有瀝陳
忱悃仰懇

皇上治　臣等以辦理不善之罪而在工將俻　臣等亦
勢不能不嚴叅重處以示創懲　臣等現已將此
次再有踈虞不得不嚴辦緣由通行傳諭在工
大小員弁俾知凜畏倍加振作至　臣阿受
恩尤為深重雖于河務不諳既蒙
皇上責任何敢以本非所學不悉心籌辦但水底情

六

形無從懸揣变故叠出难以預防既無真知灼
見自異于衆人即集思廣益亦並無良策惟有
于現在辦法益求鞏固盡人事以祈
天佑仰惟
皇上
厪念要工如是之殷懸望如是之切若臣不知
惧知媿形神不至焦瘁寝食不至減廢者則不

惟不可以對衆人亦難迯

聖明洞察　臣李　臣富　具有人心斷不至此

所有接奉

諭旨及近日辦理情形謹恭摺覆

奏伏乞

皇上睿鑒謹

七

奏

四月初六日拜發

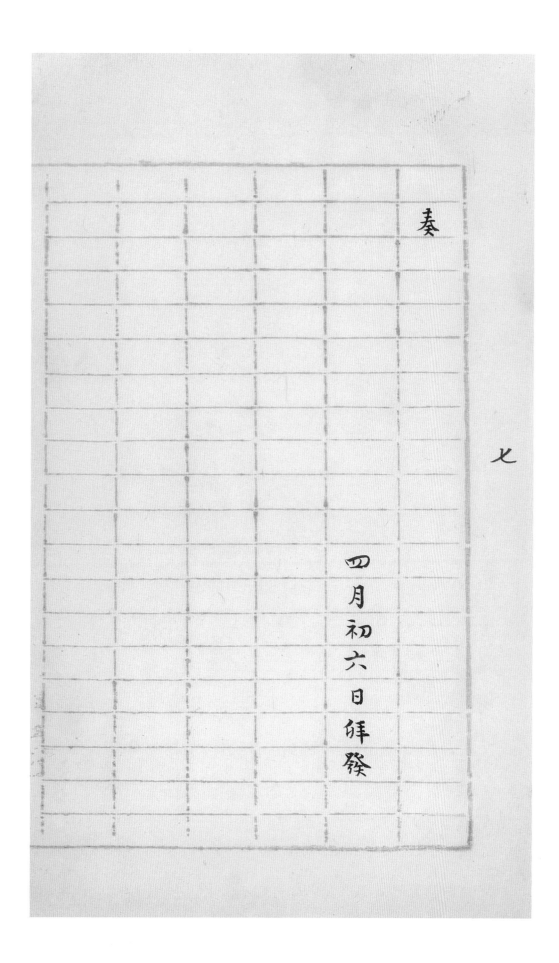

乾隆四十七年四月十二日

奏為奏
聞事竊　臣等於本月初五日將東西兩壩進埽廂壓
情形恭摺具
奏在案初六日西壩又下一埽口門止存四丈餘
尺自兩壩門埽入水後層層追壓大河水勢逐

漸蓄高引河頭共長水八九尺暢流下注塌屋
淘底測量中泓有深一丈六七尺至丈餘不等
據下游一帶稟報水頭已於初九日寅刻過二
百里外之商邱汛東流甚駛等因臣等督率在
工將備將東西兩壩門埽追壓堅實壩臺增長
高厚即於初十日丑刻掛纜堵合層土層柴畫

夜廂垻至十一日早金門業已斷流垻前外水
又長四五尺垻後内水已消六尺大溜全入引
河流行迅疾已入江南境西垻後身雖有腰漏
一處亦不甚大乃向来合龍後所常有不足為
慮人人慶幸以為已經蕆工未刻正在加廂土
坯之際忽覺西垻垻頭至腰漏處陡蟄数十丈

二

與邊埽相離隨即追廂上水跟壓下水人夫土料蜂擁雲集隨廂隨蟄保護不住西壩壩身連金門塌去三十餘丈水勢奔騰湍湧引河大溜仍回從漫口下注臣等見此情形目瞪神駭心胆俱裂伏念上次三月二十三日合龍因水未蓄起引河進溜未暢向壩底搜刷以致合後復

有塌失此次東垻下埽之後河水以次蓄起每
日長有七八寸及尺餘不等引河異常暢達冲
刷寬深中泓深至一丈數尺水頭所到已至三
四百里合龍之先即入江南境迥非上數次可
比此次廂做垻工雖止十餘丈因求分外慎重
每進一埽俱壓至四五日東西垻經過數次平

盤旋即搶廂穩固計算歷入水面埽工前後共
深有二十餘丈堤臺長高至四丈屹如崇墉為
從來所未有乃合龍一晝夜情形本屬妥順俟
工力料物將次用盡之時變故忽生呼吸之間
仍復決裂迥非心思智慮所能防　臣等慙憤憂
悸無地可　容獲咎滋深寔難自解惟有仰懇

皇上天恩將臣等交部治罪以為辦理不善者戒至

硃批朕亦無顏治汝等之罪况亦非治罪即可了之事然斷無措手無策視之之理欽此

做工將弁雖晝夜慎重辦理寔未敢片刻懈弛

然屢敗於垂成寔係廂築未能堅寔所致此次

蟄塌係冲失西埧而東埧自上年冬間以來疊

經冲失四次均难辭咎除叅將鄭永泰係因李

永吉落水受傷調來幫辦並非始終其事之人

暫免叅處外應將東西壩專辦進埽之總兵銜
副將李永吉遊擊韓勝守備裴尚有崔見龍掌
壩河北道朱岐開歸陳許道席蕢請
旨革職留工效力至現在新壩蟄失工次通身受病
难以施工又無善地可以另行改築而需用料
物如蔴觔一項現已搜羅淨盡秫稭亦屬無多

此次已形竭蹷斷不能再為設法籌辦且大汛將臨更無可希倖於萬一臣等傳集在工文武大小員弁熟商妥議寔已計窮力竭一籌莫展若就現在敗壞之局猶思敷衍於目前則不但無能貽悞重增

聖主焦憂又復自蹈欺罔獲咎更重臣等稍有人心

不敢出此是以不得不將寔在情形奏明所有

堤工合後復開緣由謹恭摺具

奏伏乞

皇上睿鑒謹

奏

四月十二日拜發

四月十八日奉到

硃批已有旨了欽此

六十一　奏为青龙岗漫口合龙复又蛰陷后筹办情形折及朱批

乾隆四十七年四月

奏為欽奉

上諭事竊　臣　等於本月十九日接准尚書額駙公福

字寄内開乾隆四十七年四月十六日奉

上諭昨接阿　等奏到青龍崗漫口於初十日合龍

後至十一日復又蟄塌三十餘丈等因欽此　臣　等

跪讀諭旨並御製詩仰見皇上宵旰焦劳懸懸廑注訓勉諄切指示周詳感激彌深悚慙益甚除將現在會議籌辦

緣由另摺具

奏外臣等伏讀

諭旨內稱[illegible]阿等奏於上游履勘另覓善地想或

欲於河身迤南稍低處所另開引河接至大河

故道予欽此是臣等現辦情形早蒙

聖明洞鑒燭照無遺無如河身迤南灘地經數次漫

水之後均已一律淤高僅低於堤頂數尺寔無稍低處所可以别開引河不得不於堤內民田相度善地開挑引渠接至大河故道至漫口迤下孔家庄一帶因上年漫水下注勢若建瓴已將河低刷成深槽崖頭高出水面幾及二丈挑挖引河甚難即另作挑水壩逼溜亦不能得力

且上下数十里詳悉履勘寔無善地可以建立
堤基之處緣儀考所屬各汛河身受病本深所
以連年漫溢之害俱在於此又經上年異漲衝
成溝槽無數坑坎縱橫敗壞已極臣等原擬將
青龍崗漫口堵閉以濟漕運再圖補救善後之
法今既屢敗於垂成推原其故寔係形勢本难

迄無成効即使另籌改築上緊赶辦已於運道
無久況水勢綿弱時尚然变故叠生一至大雨
時行汛水旺盛更無辦法就令幸而蒇事而大
河仍由受病處東行伏秋大汛仍不能無潰決
之患此　臣等熟思審計不得不設法变通也至
河工預備搶險物料向例於每年冬間分派地

方採辦而當大工需料浩繁之時則先儘大工
而後及歲料或工竣後將存剩料物撥給各工
預備歲修之用歷來俱係如此辦理此時南北
岸工段內旧存料物亦已寥寥新購之料尚未
足数況現在患無善地可以改築埧工而料物
之不能接濟尚在其次若臣等明知徒費無益

第就現在敗壞之局敷衍目前虛糜帑項以致再誤鉅工臣等具有天良何忍出此是以不敢仍蹈覆轍惟思改絃更張度地以築隄浚渠以迎溜避壅遏高仰之處順通暢就下之勢即不能一勞而永逸尚可安瀾於數年臣等虛衷延訪博求衆論僉稱為今之計無有善於此者所

有接奉
諭旨及現在籌辦緣由謹恭摺具
奏並將
發来折角原圖二件敬謹繳進伏乞
皇上睿鑒謹
奏

乾隆四十七年四月十九日

奏為恭謝

天恩事竊臣等接奉

上諭至阿　所請治罪並參奏河員之處情詞激切

然亦何必為此奏朕不忍觀也等因欽此伏思豫

省青龍崗漫口關係運道民生尤為重大臣等

在工督辦堵築事務不能尅期告竣屢築屢潰
曠日遲延而此次衝墊埧工形勢無從再辦大
汛不日届臨愈增
宵旰焦劳臣等受
恩深重每一念及五中焚灼片刻难安無能僨事之
慈寔萬無以自解是以瀝誠陳懇交部從重治

罪乃蒙
皇上格外矜憐仍予寬宥並以臣等情詞激切
聖明不忍披閱臣等跪讀之下感媿交集益覺無地
自容除現在公同履勘悉心詳議酌定辦法另
行奏請
訓示外所有臣等感激微忱理合繕摺恭謝

三

天恩伏乞

慈鑒至在工文武員弁李永吉朱岐等釀做填工未能堅寔咎寔难寬連日臣等帶同該道將等上下往來察看情形並測量地勢今奉到

恩綸臣等即行傳知伊等靡不益加感奮以期妥辦蔵工稍贖罪戾謹一併附摺奏

聞謹
奏

硃批覽欽此

四月十九日拜發

五

奏為會議籌辦添築南堤導河歸入故道情形仰
祈
睿鑒事竊照青龍崗新堤合而復開臣等惶懼戰慄
獲罪滋深緣由業經于本月十二日繕摺馳
奏並聲明現即帶同諳習河務之文武員弁親往

上游履勘相度地勢熟商辦法再行奏
聞在案
臣等伏查治河書內原稱堤工漫溢一次則
河身定有數處受病此必然之勢豫省自乾隆
四十三年以來祥符八堡儀封十六堡張家油
房曲家樓等處屢次漫溢將灘面淤高較之堤
頂僅低數尺是以於舊河身內挑挖引河深至

一丈五六尺尚不能與河面相平向來堵築漫
口至十餘丈時未有不開放引河者而此次口
門收窄至七八丈時方能蓄水三四尺與引河
相平可望進水總由漫口日益刷深而河底日
漸淤高萬餘丈之引河挑至一丈數尺斷不能
再加挑深而至開放時埧工業已着重誠如

六

聖諭此次所開引河雖大溜兩経全入引河終不能
得手而灘地既一律淤高寔無另行筹度可以
别開引河之處且自曲家樓一帶経上年異漲
之後冲成溝槽坑坎縱横無数敗壞決裂之狀
層見疊出是此二百餘里内受病已深即使堵
築合龍亦不過急則治標之計縱此次工竣堵

力補偏救弊終不能保一二年無虞今既不可就
敗壞之局敷衍於目前即逼伏秋大汛亦無善
地可以改建堤工臣等前於屢次墊失改築堤
工之時亦曾先事預防爲設法变通之計遴委
諳習員弁於南北兩岸往來查勘相度善地改
綫更張原擬就漫水所注加築北堤使大河即由

潘家屯歸入黄河正道但計算堤工共長六百
餘里勞費甚大且漫水自出大堤後趨向東北
不能順堤而行而自微山湖以下湖河一片难
以施工惟南堤外尚可更改遷移可爲備豫之
計臣等又檢查舊案順治九年河決封邱北岸
與工堵塞旋築旋潰迄無成功彼時河臣曾於

上游時和驛一帶多開引渠數道引溜南趨以
分其勢方克蕆工目今相近南岸既無可籌辦
處所臣等帶同文武員弁於迤上堤內民田復
加履勘再四測量地勢看得青龍崗迤上南岸
堤內自蘭陽三堡起向東地勢就下較之堤外
大河水面低至三四尺不等若比河唇灘面則

低至一丈五六尺至二丈不等自此至考城商

卯等汛共一百七十餘里大率相同即間有稍

高處所亦不甚懸殊現擬相距南堤千餘丈外

建築大堤一道又前次南岸漫水所過本有沿

堤舊河形再間段開挑深数尺引渠一道寔有

就下之勢查此兩項工程計長一百六十餘里

工大費繁非四五月之久不能竣事俟渠已挖成堤已築数尺後即於蘭陽三堡老堤創挖寬深缺口導水進內由引渠下注從商卯七堡出堤歸入正河大溜勢必全掣東向下歸故道入海其曲家樓漫口自可堵閉並將圈堤兩頭接築北堤易於防守亦可省北岸無数險工其原

有舊南堤任其冲刷若大溜串入舊南堤内順堤河合流而下尤爲寬廣而距新堤甚遠既有餘地水勢蕩漾游波寬緩足資容納夫然後水由地中行勢必深通暢達避去儀考一帶受病地方是此事一成可望數年無患較之築埧堵塞僅補救於一時者不同臣等熟商妥議舍此

別無長策至堤內民田廬舍原不能無礙且考
城縣亦須遷移 臣 等未嘗不籌慮及此查考城
自四十三年以後屢被漫水淹浸城郭塌隳官
民俱在堤上居住本有不得不移之勢至堤內
居民屢被災祲寧於堤外灘地高阜居住水至
尚可趨避斷不肯近隄棲止致水至猝不及防

三

是以近堤一帶廬舍亦甚寥寥即有民田亦可酌量將舊河身灘地撥給更換或情愿仍於新堤外居住即將其地照河灘減則不使稍有擾累失所並先期出示曉諭以如此籌辦庶可保護安全小民亦必樂從又有慮及江南河身高仰水勢不能暢注者查自清口歸海之路自黃

流漫溢止有淮水下注久已冲刷深通而徐州
以下則開放潘家屯後湖水刷沙亦可無虞阻
滯惟蕭碭銅山迤西或間有淤高處所 臣李
擬即逐段察看測量挑切務令一律疏濬深通
俾黄水歸入故道時順流迅駛以期一勞永逸
至估計土方若干應用銀数若干及如何派員

分段承辦並量地勢上下之别以酌建築之高
卑定挑挖之深浅各事宜臣等逐細履勘縷晰
條分續行具奏所有會議籌辦緣由謹恭摺具
奏並繪圖貼說恭呈
御覽臣等愚昧之見是否有當伏乞
皇上睿鑒勅交大學士九卿詳議核覆施行再河臣

韓鍊身有專責現奉
諭旨令其馳回工次現係改辦之事關係甚大俟伊
到日再令詳悉履勘各抒所見自行陳奏合並
聲明謹
奏
四月十九日會奏

硃批此係無可如何之計大學士九卿詳議具奏欽
此

奏爲欽奉
上諭恭摺覆奏事竊　臣等於本月十八日接准尚書
額駙公福　字寄内開乾隆四十七年四月十
五日奉
上諭據阿　奏青龍崗埧工於初十日丑刻掛覽堵

合廂填至十一日早金門業已斷流大溜全入引
河水頭已入江南境等因欽此 臣 等查此次埧工
合而復開料物已盡大汛將臨雖當計窮力竭
無可如何之際 臣 等亦斷不敢束手坐視是以
郎帶同諳習河員往上游各處親履查勘熟商
辦法查儀考一帶上下二百餘里河身灘地經

連年漫溢並上年異漲之後衝成溝槽無數坑坎縱橫敗壞已極又外灘日漸淤高堤頂不過較高灘面四五尺既無平坦之地可以改建堤基亦無就下處所可以別開引河寔不能於此別有良圖不得不於設法籌辦之中另圖變計

臣等公同商酌惟有蘭陽三堡起至商邱七堡

止添築南堤一道長一百七十餘里就從前沿堤冲刷舊河形間段挑挖引渠一道大河順舊南堤下注復歸故道不但北岸漫口不堵而自然斷流且可避儀考一帶受病地方揆度事理似可有成則於避重就輕之中仍可得數年順軌之利至開放南岸雖亦權宜變通之法而

臣

硃批 此即朕前所謂向南岸求去路之策非必令爾等開南岸不築南岸外之南岸也欽此

等再行通盤熟籌其利害又有久暫之殊盖南岸雖有賈魯河渦河洪澤湖等處水勢固有消納而漫水所過之商邱虞城永城亳州蒙城等十餘州縣即使預爲籌備宣諭居民勢不能不被淹浸且計開放之期必須在夏秋盛漲之時其時北岸所經各州縣久已被淹即水退涸出

已不能趕種秋禾又使南岸十餘州縣之民田
廬舍一旦復遭蕩析計此十餘州縣所需撫卹
賑濟銀兩以之築堤挑河而有餘是勞費之多
硃批此皆多言你等另築南岸堤後不開舊有之南岸蘭陽三堡放水乎欽此
寡已屬相等況南岍既開之後冬間堵築萬一
不能尅日完事則所費更復不貲而青龍崗雖
即堵閉大河仍由儀考一帶業經敗壞之地東

行明年伏秋大汛猶不能保其不於他處衝決
此臣等熟思審計有不得不計出於此者至北
岸決口急切未能堵閉雖有碍於運道但本年
各帮粮艘其在清江浦三閘內淺滞之時較多
在南陽一帶遲延尚不為久而遲延又半因近
日北風居多之故且潘家屯內外引河現已挑

挖完竣自可開放藏洩臣李　確按該處情形即在展寬至四十丈亦屬無妨而於汛水長發可以暢洩下注現又欽奉
諭旨令薩載等將劉老澗六塘河等處凡可以宣洩歸海暢利之處逐節籌畫加挑寬深俾資暢注該督等自必遵

旨廣等去路大加挑挖以備盛漲惟不使漫水倒漾

北行由沙趙二河穿運則粮艘北上亦可無虞

梗阻總之　臣等延訪衆論悉心推求既無辦法

可以於大汛以前蕆工則惟有熟籌夫長遠寧

可任事而獲咎斷不肯負心而苟飾目前也所

有接奉

諭旨並會議等辦緣由謹恭摺具

奏伏乞

皇上睿鑒謹

奏

四月十九日拜發

硃批所慮是已有旨了欽此

六十五　阿桂覆奏于兰阳三堡筑堤开挑引渠业经勘估丈尺折

乾隆四十七年四月二十八日

奏爲欽奉

上諭恭摺覆奏事竊　臣等接准尚書額駙公福　字

寄内開乾隆四十七年四月二十四日奉

上諭昨阿　等奏南岸築堤改渠一摺已批交大學

士九卿議奏今日復召見大學士尚書與軍机大

十一

臣等面降諭旨等因欽此仰見我
皇上鑑空衡平廣詢博採以期折衷至當伏查臣等
因青龍崗迤上銅瓦廂起下至考城二百餘里
內經屢次漫溢及上年異漲形勢敗壞已極不
惟現在無可措手且恐目下僥倖堵合而此一
帶仍不免年年冲決是以遵照

皇上前旨所指迤南一帶另籌去路於蘭陽三堡改
築大堤開挑引渠導水進内從商邱七堡出堤
歸入正河故道爲設法變通之計以求數年無
患現在舍此寔無長策至嵇璜所稱大溜変更
無定亦祇論其常若既有決口則漫水下注勢
若建瓴刷成河槽深至數丈水性就下即遇伏

十二

秋盛漲不能復有改移臣阿從前辦理儀封堤
工亦經伏秋大汛並未於漫口之外另有變更
此已然之明驗也至青龍崗堤工前次冲失雖
止三十餘丈嗣於本月十六日大河水長六尺
雖旋即消落而堤工又復塌去十餘丈共五十
餘丈緣河流迅駛湍疾必得口門寬至百餘丈

方數暢流直注此時即加意保護恐汛水盛漲
人力難施並恐水性過於遏抑或於上游北岸
復有漫溢則爲患於運道更大是以臣等飭令
工員將現在塌失處所要爲保護而亦不必如
堵築壩工時復多費物料於無益也查現在建
堤開渠兩項工程計長一百數十里工大費繁

十三

非四五月之久不能竣事此時開工辦理至挑成引渠堤工築起丈餘可以禦水亦已届白露水退後其時即可相机開放若如嵇璜所擬緩至秋間開工雖亦爲斟酌事勢慎重要工起見但計白露後開工即上緊赶辦亦須至十一月間方能告竣恐水落歸槽開放不能掣溜則又

須待至明年春汛而北岸漫口經兩年冲刷河
槽更深掣溜更覺費力至大雨時行之際築堤
挑河原不能不稍稽時日五六七三月内即遇
雨就延或二十餘日甚至一月亦可先得兩月
硃批亦慮不及故令汝等再議耳欽此
工程較之坐待白露後開工者遲速顯而易見
所有應用民夫雖多至數十萬俱係動用帑金

行十四

平值僱募不但附近各属踴躍子來即東省灾

硃批是欽此

氓亦聞風雲集並可以工代賑非如昔時調集

民夫勢驅威迫致滋擾累是以 臣 等通盤熟籌

不得不及時辦理謹將是在情形奏明恭候

聖明訓示現在未至雨水連綿早一日興工早得一

日之益 臣 等業經勘估丈尺標既段落分派各

員侯奉到
諭旨後即行開工辦理所有接奉
諭旨緣由謹據實覆
奏伏乞
皇上睿鑒謹
奏

七月十五

四月二十八日奏

五月初六日奉到

硃批已有旨了議河如聚訟朕惟執兩用中行之欽

此

河撫會銜

奏爲工程緊要候選各員情殷投効恭摺具

奏事竊照改築南堤挑挖引河一切應辦事宜現

在大學士公阿　會同　臣等籌議另行恭摺奏

請

訓示惟查此次改移河道工段綿長按工核計共需

十六

汛員二百五六十員臣富　與藩司李承鄴
於九府四州内每一處酌留二三員辦理地方
事件外餘俱汛委並將試用人員内逐一遴汛
尚不敷用擬即恭摺
奏請揀發復恐人地生疎於河工未能諳悉茲據
試用布政司經歷潘河候遴縣丞周書升陳師

錫蔣紹英州同錢杰主簿吳衍庚王繼貞丁憂
服滿典史沈嵩捐納從九品王文在徐王揩龔
溥張符晉張鳳藻王敦義謝滋郭繼武葛泰生
未入流丁覲圻沈源各以心切急公情愿自備
資斧赴工効力具呈由司轉詳前來　臣等查潘
河原係發豫試用丁憂之員蔣紹英郭繼武本

籍隸豫省其周書升等亦多係近年先後到豫
相依父兄戚友任所帮辦事務俱現在委辦河
工各員均稱平日頗資伊等之力　臣等隨逐加
看驗詢以河工地方情形均尚熟悉當此兩工
並舉在在需員之時既據該員等情願自備資
斧在工効力相應據情轉

奏仰懇

聖恩俯准將潘河等一併留工委用如蒙

俞允　臣等即飭令各員協同伊等父兄戚友挑築工段俾彼此相依兩有裨益仍俟大工竣後　臣等再察其果否出力另行具

奏或留於河工或留於地方酌量補用　臣等商之

十八

大學士公阿　意見相同謹合詞恭摺具

奏並另繕各員履歷清单恭呈

御覽伏乞

皇上睿鑒訓示謹

奏

五月初五日拜發

五月十三日奉到

硃批有旨諭部欽此

今十九

謹將試用布政司經歷潘河等履歷開具清单

恭呈

御覽

計開

潘河年二十三歲順天大興縣人四庫館謄録

期满议叙一等分发河南以布政司经历试
用委署怀庆府通判丁忧卸事
周
书升年三十七岁浙江仁和县人原任四川
富顺县县丞因署隆昌县任内护解秋审缎
犯疏脱革职捐复原官
陈
师锡年四十一岁浙江海宁州人原任湖北

江陵縣縣丞因署京山縣任内緣事降調捐
復原官
蔣紹英年四十七歲河南陳畱縣人原任江西
萬安縣縣丞丁憂回籍現經服滿
錢烋年三十七歲江蘇沭陽縣人原任湖北沔
陽州州同丁憂離任

吴衍赓年三十七岁江西南昌县人拣发河东
河工咨补汜县主簿丁忧卸事
王继贞年三十六岁江苏娄县监生考职以主
簿补用
沈嵩年四十七岁江苏吴县人原任甘肃灵台
县典史丁忧离任现经服满

王文在年三十九歲安徽潛山縣人

徐王堦年四十一歲江蘇陽湖縣人

龔溥年三十五歲湖北江夏縣人

張符晋年四十四歲江蘇蕭縣人

張鳳藻年二十五歲江蘇蕭縣人

王敦義年二十八歲江蘇長洲縣人

謝滋年三十九歲江蘇武進縣人
郭繼武年三十二歲河南太康縣人
葛泰生年二十四歲順天大興縣人
以上九員均捐從九品
丁覌圻年二十七歲順天宛平縣人捐納未入
流

沈源年三十二歲浙江秀水縣人捐納未入流

六十七　奏为筑堤挑河开工日期折及朱批

乾隆四十七年五月初九日

三

斐衛謹

奏為欽奉

諭旨及時興工仰祈

聖鑒事竊　臣等於本月初六日接奉

上諭現已降旨令阿桂回京俟工竣開放引河時再

行前往查勘阿桂此時即可將籌办事宜詳晰交

韓富　妥為經理如議速行等因欽此欽遵

臣　等捧讀之下仰見

皇上厪念要工無時或釋查大學士公阿　接奉前

旨當將築堤挑河各事宜與　臣　等商定繕摺具

奏後即遵

旨於初六日自工啟程　臣　等率同道府廳營即將勘

定築堤挑河形勢照估核算均分段落按土計
夫按夫計限定于十二日開工其商邱汎内東
省曹縣地方已飛咨撫　臣明　派員率夫來工
赶办並将
奏明各條欵明白曉諭務令咸知勸懲如式夯築
估挑完責令道府分段查催　臣　等住工往來督

办總期工程實在民情安貼除俟做有分數隨
時具
奏外所有奉到
諭旨及興工日期理合恭摺由驛具
奏伏乞
皇上睿鑒謹

奏
乾隆四十七年五月初九日亥刻儀工由驲遞
進　十八日奉到
硃批知道了欽此

奏為

奏

聞事竊照儀封南岸築堤挑河工程辦理緣由業經

具

奏在案茲十一二三等日大雨如注連宵達旦現

在密雲四在雨勢未止與早晚秋禾大有裨益

民情甚爲歡悦現挑引河係沿舊堤低窪之處挑空原定先挑十丈估深五六七尺至一丈三尺不等今因連日大雨湧注坡水滙聚挑工間爲水佔其引河以外新堤以内舊有河形窪地亦皆積深三四尺飭令各員赶緊踈濬挑空惟查刻下正大雨時行之際即將引河先行挑成

十丈止能宣洩沿河一帶之積水而引河以南
至新堤尚橫寬一二千丈不等其間河形溝槽
所積雨水相距引河既遠勢不能導歸新挑引
河而出若任其存積倘再遇陰雨新堤施工較
难　臣等率同道府廳營逐一確勘擬將馮家屯
斜對商卯七堡之處自西南而至東北先行挑

渠一道橫截上游各道河形使堤内坡水均由
此渠順注河尾不特積水有路疏消即將來漫
灘水下亦可由此歸入正河更免下游橫堤着
重 臣等現在派員赶办至蘭陽李六口一帶應
挑引河頭之處必須得勢方能掣溜前經大學
士公阿 會同 臣等勘商俟伏汛河水長發三

四次後溜勢走定再行安揷河頭前月二十七
八等日大河長水四尺餘寸今次雨後長水三
尺餘寸該處溜勢仍未有定躺須試看一俟溜
定即派官夫同力合作趕办所有二次一帶連
得透雨 臣等籌濺積水情形理合繕摺由馹具
奏並繪圖貼說恭呈

御覽伏乞
皇上睿鑒謹
奏
乾隆四十七年六月十四日拜
進

乾隆四十七年六月二十六日

奏為欽奉
諭旨恭摺覆奏事竊　臣韓　臣富會
奏籌洩積水一摺繪圖貼説恭呈
御覽奉到
硃批覽奏俱悉欽此又承准尚書額駙公福　尚

書和　字寄內閣六月二十日奉

上諭閱本日韓　等奏到築堤挑河情形並繪進圖

內其向南分流各支河雖俱有細小紅點堵截但

港汊分岐此等支流是否即係大河旁支抑或別

有來源將來新引河開成後各支河之水是否一

並歸入引河滙歸正河之處亦未擬奏明著傳諭

李 韓 等令其詳晰再行繪圖貼説具奏等
因欽此臣 等遵查前
奏圖內向南分流各支河係四十三年十六堡及
四十五年張家油房二次漫水所經冲刷之河
形漫口堵合之後並無另有來源但各河形自
北而南現挑引河係自西而東横串十六堡張

家油房二處河形下注且新築堤工跨壓各河形俱甚喫緊是以于各河形内估築土壩攔截以防旁洩至圖内紅點即係擬建土壩之處現在除緊靠引河之壩二三處應於放河之先趕築完固其餘工程原為防護漫灘水勢儘可次第興办將來新引河開成後各支河之水俱可

由馮家屯新估橫渠歸入正河如遇漫灘渾水

並可漸冀淤平　臣　等前

奏未經逐細聲明致煩

聖明垂詢寔深惶悚所有　臣　等奉到

諭旨理合恭摺附驛覆

奏並繪圖貼說恭呈

御覽伏乞

皇上睿鑒謹

奏

乾隆四十七年六月二十六日儀工由馹遞

進　　七月初五日奉

硃批知道了欽此

奏為欽奉

諭旨恭摺覆

奏事竊臣等承准尚書額駙公福　尚書和

字寄內開乾隆四十七年六月二十四日奉

上諭云云欽此道

旨寄信前來伏查築堤挑河工鉅限緊全賴人夫衆
多始克集事堤工一項派委六十州縣各雇本
地民夫二千名按段承办放水以前祇須築高
一丈尚易為力惟挑河工段亘長一百六七十
里分為二百餘段每段需夫一二千名方可按
日計工俾無遲悞開工以來正佐各員或于本

地雇覓或于直東两省設法召募來工者雖不
乏人究因工段綿長需夫孔多一時难于敷用
臣等寔深焦急節奉
諭旨令臣等寔心商酌跪讀之下仰見我
皇上垂念要工体恤民情無微不燭窃思改築南堤
原為奠安黎庶籌一劳永逸之計若復劳民動

象誠如
聖諭愛民之舉轉以累民寔非所以仰体
聖主惠養黎元宵旰勤求之至意臣等捫心午夜更
难自安查直隸代雇人夫先據督臣鄭　　具
奏動項一萬五千兩雇夫五千名臣等因其業已
代雇仍聽其委員管送來工即一面札令毋庸

再為代雇山東承办工段據兖沂曹道張永貴
稟稱時值農忙陰雨雇夫維艰當經 臣 苛飭令
妥速召募先儘該省協挑工段土一百零七萬
餘方應用並將遇雨人夫不能動工之日酌給
飯錢以免散逸移知撫臣明 一体轉飭畫一
办理即江南沛縣雖係被水之區雇夫較易第

恐預給工價官為办理轉多周折亦經咨會兩
江督臣薩　明切曉諭應聽貧民自便無勉強
從事業將籌办緣由于六月二十六日恭摺具
奏在案茲復仰蒙
訓示周詳隨又遵
旨移會鄭　等一体欽遵外臣　等再查目下現届

秋令雨水諒少農事漸畢人夫自必日見加多
臣等惟有隨時上緊竭力設法籌办以冀早得
一日成功早紓
聖主一日廑念斷不敢稍存畏難之心致滋延累理
合恭摺由驛覆
奏伏乞

皇上睿鑒謹

奏

乾隆四十七年七月初一日考城工次由驛遞

上

七十一　韩荣、富勒浑覆奏直隶省协济豫工挑筑人夫并遵旨以工代赈雇用江南沛县灾民来豫情形折及朱批　乾隆四十七年七月初五日

奏為欽奉
上諭恭摺覆
奏事竊照現办南岸堤河工程情形業經臣韓
臣富節次奏蒙
聖鑒臣李于二十一日馳抵商邱由新挑引河尾

至考城一帶查勘各段興挑情形業經具

奏在案 臣李 即從考城上游儀封蘭陽查閱工

段 臣韓 臣富 即于工次面籌價办工程事

宜接奉

廷寄

諭旨批韓 富 奏豫工築堤挑河需用人夫甚多現

在在設法酌办緣由一摺覽奏俱悉著傳諭鄭
富　明　公同籌酌若東省協濟之人夫既足
即不必派撥別省倘有不足再于京南附近豫省
一帶地方酌量幫雇鄭　等彼此速行商酌時時
通知一面办理一面奏聞務須秉公籌办無分畛域
以期大工速集而貧民以工代賑其豐收之處又

不治勞民動衆方為妥善等因欽此嗣于二十三

日復奉

上諭據鄭裦奏直隸省協濟豫工挑築人夫亦祇

可如此办理其所稱人夫不樂遠涉情形朕從前

早經慮及于此今據所奏果不出朕所料總之小

民趨事赴工自求口食在被灾歉收地方名募較

易著傳諭富　韓　等如將來豫省所需人夫約
計山東協濟雇募可以敷用自不必更籌别办致
令遠涉非便倘或尚不敷用則江南沛縣被水地
方灾民自多覔食富　等即可就近知會薩　等
令其代為雇募自較直隷更為便易揔以通盤籌
畫務使人夫足用而又聽民自便俾各踴躍樂從方

為妥善等因欽此臣等跪讀之下仰見我
皇上屢念要工智周慮遠無微不燭至意臣等查豫
省向來办理鉅工原不能不藉資于隣省此次
堤河並舉工段綿長全賴人夫衆多始能妥速
集事是以臣韓臣富 前次知會直隸督臣鄭
飭令附近豫省各属曉諭人夫來豫售顧以

期大工易竣玆准鄭　咨覆已飭大名廣平二
府雇夫五千名每名先墊發安家銀三兩共銀
一萬五千兩等因　臣　等伏思此項人夫先給安
家銀兩其不樂于遠涉情形早在
聖明洞鑒之中但直省業已代雇　臣　等移咨　臣　鄭
派委妥員帶領來工指與工段即令該委員駐

工督率人夫興挑則呼應較靈至山東應挑工段人夫亦少據兖沂曹道張永貴稟稱寔因目下大雨時行人夫陸續來工是以未能即時齊集　臣等復飭揔理挑河各道員妥速招募赶緊挑挖毋稍延緩至江南沛縣災民正當覓食誠如

聖諭代雇人夫自較直隸更為便易　臣等現在移咨

兩江督臣薩　即飭徐州就近各局明切曉諭
俾小民咸知豫工所給方價足資口食貧民自
必樂從無庸預給土價致多周折況一交七月後
農事漸畢雨水諒少人夫易于雲集誠如
聖諭聽民自便俾各踴躍樂從方爲妥善再臣等每
遇大雨不能動工之日每夫酌給飯食錢文以

免散逸至挑土二三坯以下間有嫩淤工段臣
等臨時体察酌量加增方價另行奏
聞于工程更屬有濟並一面知會山東撫臣明一
体曉諭該省人夫以期踴躍臣等斷不敢因目
前夫少稍存畏難之心惟有公同商酌上緊督
办以期鉅工迅速蕆事所有臣等遵

旨籌辦緣由理合擬寔繕摺由驛覆

奏伏乞

皇上睿鑒謹

奏

七月初五日奉

硃批已屢有旨矣大約大工原不能不用夫而鄰省

僉派押解亦非人樂從尔等但知借資鄰省雖出
無奈究属推諉今展一月之期尔等更何愁乎